Angelika Drensler

Cattitude

Angelika Drensler

Cattitude

Wie wir Katzen in der Tierarztpraxis verstehen und ihnen das Leben leichter machen

Mit 89 Abbildungen und 2 Tabellen

schlütersche

Bibliografische Information der Deutschen Nationalbibliothek
Die Deutsche Nationalbibliothek verzeichnet diese Publikation in der Deutschen Nationalbibliografie; detaillierte bibliografische Daten sind im Internet über http://dnb.de/ abrufbar.

ISBN 978-3-89993-973-6 (print)
ISBN 978-3-8426-8914-5 (PDF)

Autorin
Dr. med. vet. Angelika Drensler
Kleintierpraxis Dr. Angelika Drensler
Hamburger Str. 8
25337 Elmshorn
info@tierarzt-elmshorn.de
www.tierarzt-elmshorn.de

Projektleitung: Sabine Poppe, Hannover
Lektorat: Dr. rer. nat. Christina Hardt, Stuttgart
Gesamtherstellung: Schlütersche Verlagsgesellschaft mbH & Co. KG, Hannover
Umschlagabbildung und Foto der Autorin: Dirk Schönfeldt, Elmshorn, www.dsfotos.de
Druck und Bindung: CPI Druckdienstleistungen GmbH, Erfurt

Inhaltsverzeichnis

ZUSATZMATERIAL ONLINE

Protokolle, Fragebögen und Schritt-für-Schritt-Anleitungen für die Praxis und auch Patientenbesitzer finden Sie zum Download auf tfa-wissen.de unter folgendem Link:

www.tfa-wissen.de/download_9736_drensler

Vorwort

Mein Mantra beim Umgang mit Katzen in der Praxis ist „Ruhe und Geduld".

Dieses Buch richtet sich an tiermedizinische Fachangestellte sowie Tierärzte und Tierärztinnen, die sich als Cat-Enthusiasts verstehen. Wundern Sie sich nicht, wenn manchmal englische Worte vorkommen. Das kommt daher, dass die Wurzeln der katzenfreundlichen Praxis (Catfriendly Clinic) in England liegen. Von dort kommt auch die Wortschöpfung **„Cattitude"**, die genau das aussagt, was wir empfinden: Cat = Katze und Attitude = Haltung, Gesinnung. TFA und Tierärzte/-innen mit Cattitude wünschen sich, Katzen in der Praxis anders zu sehen als bisher – nicht mehr das kleine Monster in der Ecke des Transportkorbes, das faucht und spuckt, sondern eine angstfreie, neugierige Patientin, die sich untersuchen und behandeln lässt. Dazu müssen wir uns, mit dem Wissen über Stress bei Katzen und seine Ursachen im Hinterkopf, in unsere samtpfötigen Patienten hineinversetzen und die Welt mit ihren Augen sehen. Bald werden wir feststellen, dass der Besuch in der herkömmlichen Tierarztpraxis von der Katze schnell als eine Lebensbedrohung empfunden werden kann.

In dem Buch werden den Leserinnen und Lesern Tipps und Tricks vermittelt, mit denen eine Praxis mit unterschiedlich großem Aufwand – je nach Wunsch – katzenfreundlich gestaltet werden kann. Dazu gibt es Änderungsvorschläge, die das Equipment betreffen, Verhaltensregeln für den stressmindernden Umgang mit dem Patienten Katze und zuletzt „Tools" zur Besitzerschulung.

Ich entschuldigen mich für manche Ungenauigkeit in der Handhabung der Regeln des Schreibens. Ich werde die Abkürzung TFA benutzen, auch wenn mir die alte Berufsbezeichnung Tierarzthelferin immer noch aus dem Herzen spricht. Auch werde ich manches Mal darauf verzichten, beide Geschlechter zu benennen. So sind Katzenbesitzer männlich und weiblich zu verstehen. Dasselbe gilt für andere „Sammelbegriffe".

An dieser Stelle möchte ich mich noch bei allen bedanken, die die Entstehung dieses Buches möglich gemacht haben: die Katzen und die Katzenmenschen, die Mutmacher und die Ideengeber, meine Mitstreiter in der Katzengruppe, mein Team in der Praxis und meine Familie. Alle haben mich mit Eifer und Geduld unterstützt. Mein größter Dank gilt Sabine Poppe von der Schlüterschen Verlagsgesellschaft, ohne deren Idee ich nicht zur Feder gegriffen hätte.

Ich wünsche viel Spaß beim Lesen und bei der Umsetzung unserer Tipps!

Elmshorn, im Sommer 2018

Angelika Drensler

1 Die Geschichte der katzenfreundlichen Praxis in Deutschland

Im Jahr 2005 gründete das Feline Advisory Bureau (der Vorläufer der International Cat Care) in England ein „Feline Expert Panel", eine Gruppe von Katzenspezialisten, die sich um die Verbesserung des Katzenwohls in der Tiermedizin bemühen sollten. Diese arbeiteten mit Spezialisten aus der Verhaltenskunde und Praktikern zusammen, um Empfehlungen für die Praxis zu entwerfen, mit deren Hilfe die Tierarztpraxis so katzenfreundlich wie möglich gestaltet werden kann. Dabei ging es auch darum, mit kleinen und preiswerten Veränderungen große Unterschiede für das Befinden der Katze in der Praxis zu erwirken, nicht nur um der Katze selbst willen, sondern auch, um den Katzenbesitzern die Scheu vor dem Tierarztbesuch zu nehmen und deren Bindung an die Praxis zu verbessern.

Ich hörte von diesem Programm ein Jahr später. Auf dem European Symposium on Advances in Feline Medicine in Brüssel im April 2006 hielt Sarah M. A. Caney einen Vortrag über die katzenfreundliche Praxis, der mein berufliches Leben maßgeblich beeinflussen sollte. Ich wusste sofort, dass wir ab nun Katzen anders behandeln würden und dass die Idee der katzenfreundlichen Praxis auf jeden Fall verbreitet werden musste. Seitdem sammle ich Ideen aus der ganzen Welt, um Katzen und Katzenbesitzern den Besuch beim Tierarzt zu erleichtern.

Mit mir gibt es weitere deutsche Tierärzte, die die katzenfreundliche Praxis leben und sich um ihre Verbreitung bemühen. Wir halten Vorträge und schreiben Artikel in Fachzeitschriften.

Inzwischen gibt es mehrere von der ISFM (International Society of Feline Medicine) anerkannte Catfriendly Clinics in Deutschland (▶ Abb. 1-1) und sogar einige reine Katzenpraxen. Seit einigen Jahren kümmert sich die für Tierärzte und TFAs offene Deutsche Gruppe Katzenmedizin darum, die Ideen von International Cat Care nach Deutschland zu bringen. Außerdem konnten wir im Juni 2016 im Rahmen der DGK-DVG (Deutsche Gesellschaft für Kleintiermedizin in der DVG) eine Arbeitsgruppe Katzenmedizin gründen, die regelmäßige Treffen und Fortbildungen anbietet.

Wir wünschen uns im Namen der Katzen in Deutschland mehr Praxen, Tierärzte und TFAs, die nach den Ratschlägen der Katzenexperten arbeiten und den samtpfötigen Patienten den Tierarztbesuch so angenehm wie möglich gestalten.

Abb. 1-1 Das CFC-Logo für katzenfreundliche Praxen wird von der ISFM verliehen.

I

Katzen kennen und verstehen

2

Wie verlief die Evolution der Katze?

Um das Verhalten unserer Hauskatzen besser zu verstehen, müssen wir uns mit ihren Vorfahren beschäftigen. Unsere Katze stammt von der Nordafrikanischen Wildkatze (*Felis silvestris lybica*) ab (▸ Abb. 2-1). Wildkatzen sind einsame Jäger, die nur zur Fortpflanzung die Gesellschaft anderer Katzen ertragen. Einen Großteil ihrer Zeit verbringen sie damit, ihr Territorium auf der Suche nach Beute zu durchstreifen. Die weibliche Wildkatze muss neben der Jagd auch ihre Jungen aufziehen. Weil das Territorium auf Dauer nicht genug Beute für mehrere Katzen bietet, werden die Jungkatzen von der Mutter vertrieben, sobald sie gelernt haben, selbstständig Beute zu fangen.

Weil Wildkatzen in ihrer Lebensweise auf sich allein gestellt sind, müssen sie Verletzungen, die zu Jagdunfähigkeit führen könnten, verhindern. Aus diesem Grund markieren sie deutlich die Grenzen ihres Territoriums auf unterschiedliche Weise: mit Gerüchen (Kot, Urin), Pheromonen und durch sichtbare Spuren (Kratzmarken). So geben sie Botschaften wie „Mein Territorium, bleib weg!" oder „Kater gesucht, bin rollig!" weiter, ohne sich der Gefahr eines Kampfes auszusetzen.

Vor etwa 10.000 Jahren begannen Menschen, Getreidespeicher anzulegen und damit Mäuse anzuziehen. Angelockt durch das große Nahrungsangebot überwanden einige Katzen ihre Scheu vor Menschen und

Abb. 2-1 Nordafrikanische Wildkatze (*Felis silvestris lybica*)

machten die Erfahrung, als Mäusejäger willkommen zu sein. Weil es in diesen menschennahen Territorien Beute im Überfluss gab, erlaubten Katzenmütter ihren weiblichen Nachkommen, bei ihnen zu bleiben. So entstanden rein weibliche Katzenkolonien, in denen sie sich geburtshilflich, in der Kittenpflege und -aufzucht sowie in der Verteidigung gegen Eindringlinge unterstützten (▶ Abb. 2-2). Auf die Jagd gingen sie allerdings weiterhin alleine und daran hat die Domestizierung während der letzten 10.000 Jahre nichts geändert. Obwohl das Leben in Kolonien ein erhöhtes Risiko für ansteckende Krankheiten (z. B. Viruserkrankungen, Parasiten) bot, überwogen die Vorteile des Gruppenlebens. Katzen, die in der Lage waren, ein soziales Leben in der Nähe der Menschen zu leben, hatten einen deutlichen Fortpflanzungsvorteil. Es entstand die Hauskatze (*Felis catus*) (▶ Abb. 2-3). Im Vergleich zum Hund, dessen Vorfahr bereits ein Rudeltier war, ist das Maß der Anpassung und Veränderung für die Katze als vormals überzeugtem Einzelgänger deutlich größer. Und trotzdem hatte die Katze nur 10.000 Jahre Zeit für diese Entwicklung – im Vergleich zum Hund, der nach einigen Quellen schon bis zu 100.000 Jahre mit dem Menschen lebt, eine sehr kurze Zeit. Vielleicht ist das der Grund dafür, dass der Weg der Katze zurück in das wilde, selbstbestimmte und autarke Leben jederzeit möglich ist.

Abb. 2-2 Noch heute gibt es überall solche Katzenkolonien, die sich dort ansiedeln, wo Futter angeboten wird.

Der größte Unterschied zwischen unseren Hauskatzen und ihren Vorfahren ist ihr Sozialverhalten. Die solitäre Wildkatze benötigt zur sozialen Interaktion nur das Territorialverhalten, das Sexualverhalten und das Aufzuchtverhalten. Katzen, die in Gruppen leben, behalten ihr Sozialverhalten aus der Welpenzeit auch im Erwachsenenalter bei: Stirnreiben, gegenseitiges Putzen, miteinander kuscheln und spielen. Diese Verhaltensweisen sind überflüssig im Leben eines einsamen Jägers, aber sehr wichtig für die Kommunikation in der Katzenkolonie. Heute verhält sich die gut sozialisierte und auf den Menschen geprägte Katze ebenso zu ihren Lieblingsmenschen. Außerdem hat sie gelernt, dass das „Miau" aus der Welpenzeit bei Menschen manches Herz und manche Dose öffnen kann.

Nachdem wir nun wissen, welche einschneidenden Veränderungen für die Verwandlung von der Nordafrikanischen Wildkatze zur Hauskatze nötig waren, wird uns klar, warum das Leben als Hauskatze immer noch eine große Herausforderung darstellen kann. Wir stellen uns folgende Fragen:

Abb. 2-3 Hauskatze (*Felis catus*)

- Muss eine Katze im Mehrkatzenhaushalt glücklich sein?
- Sind zwei oder drei Mahlzeiten im Schälchen katzengerecht?
- Wie kann eine Wohnungskatze ihr Territorialverhalten ausleben?
- Was ist mit Freigängern und ihrem Territorialverhalten, wenn in direkter Nachbarschaft etliche weitere Katzen leben?
- Wie können wir einer Wohnungskatze in Bezug auf Bewegung und Beschäftigung gerecht werden?
- Was tun mit der Bedrohung „Tierarzt“?

Zunächst beschäftigen wir uns mit den Fragen „Was ist Stress?“ und „Wie empfindet die Katze ihre Umwelt?“. Dann erläutere ich die praktischen Aspekte der katzenfreundlichen Praxis: die Einrichtung wie auch die sogenannten „weichen Faktoren“ oder „Soft Skills“, die eine maßgebliche Rolle in der Gestaltung spielen. Wir schauen in das Wartezimmer, den Behandlungsraum, den Operationsraum und die Station.

Am Ende steht das Thema „Education of the Owner“ oder „Welche Tipps kann ich dem Besitzer mit nach Hause geben?“.

3

Wie empfindet die Katze Stress und warum?

3.1 Was ist Stress?

Wenn sich die gewohnte Umgebung oder die Lebensumstände ändern, wird der Organismus dies registrieren und versuchen, sich der Veränderung anzupassen. Dies gilt nicht nur für Menschen, sondern auch für Katzen. Je nachdem, wie einfach oder schwierig die Anpassung ist, spricht man von unterschiedlichen Stresslevels. Im englischen Sprachgebrauch unterscheidet man **„Stress“** und **„Distress“**, was im Deutschen dem **positiven** und **negativen Stress** gleichkommt. Ob die Anpassung an eine Veränderung vom Organismus als positiv oder negativ wahrgenommen wird, das Stresslevel niedrig oder hoch ist, hängt nicht nur vom Stressor (der Stressquelle) ab, sondern besonders von den Erfahrungen desjenigen, der den Stress empfindet. Hierzu drei Beispiele:

1. Eine gut sozialisierte Katze, die sehr gut an den Umgang mit Menschen gewöhnt ist, wird zum Tierarzt gebracht. Dort sitzt sie eine halbe Stunde lang in einem Wartezimmer direkt neben einem aufgeregten, winselnden Hund. Wenn sie dann im Behandlungsraum aus dem Korb steigt, wird sie kaum in der Lage sein, den Tierarzt als netten Menschen zu akzeptieren. Das Stresslevel ist

zu hoch. Die Katze findet keinen Weg, mit der fremden Situation zurechtzukommen.

2. Dieselbe Katze kommt in eine katzenfreundliche Praxis, wartet zehn Minuten in einem ruhigen Katzenwartezimmer und wird dann in den Behandlungsraum gebracht. Jetzt ist das Stresslevel verhältnismäßig niedrig und die Katze hat die Chance, die angebotene Hand des Tierarztes mit einem Stirnreiben zu begrüßen.
3. Eine andere Katze kommt vom Bauernhof, wird dort nur gefüttert, nicht aber gestreichelt. Auch ihre Mutter war schon eine halbwilde Hofkatze. Beide sind den Umgang mit Menschen nicht gewohnt. Diese Katze wird auch in der katzenfreundlichsten Praxis ein Maximum an Stress empfinden und hat keine Mechanismen, mit der Situation zurechtzukommen.

3.1.1 Positiver und negativer Stress

Obwohl dem Wort „Stress" im allgemeinen Sprachgebrauch ein negativer Beigeschmack anhaftet, ist diese normale Reaktion auf Veränderung meistens gut und sinnvoll. Beim Menschen spricht man von positivem Stress, z. B. bei freudigen Überraschungen.

Abb. 3-1 Katze bereit zum Kampf

Abb. 3-2 Katze auf der Flucht

Abb. 3-3 Erstarrte Katze

Grundsätzlich tritt positiver Stress immer dort auf, wo der Stressempfänger adäquat reagieren kann und mit der Veränderung der Situation zurechtkommt. Auch eine unfreundliche Katzenbegegnung, die in einem kurzen Kampf und dem Rückzug beider Katzen endet, kann als positiver Stress angesehen werden. Typische Strategien der Katze, auf Stressoren zu reagieren, sind die drei „Fs“: **Fight**, **Flight**, and **Freeze** (Kampf, Flucht und Erstarren) (▸ Abb. 3-1 bis ▸ Abb. 3-3).

Der negative Stress entsteht, wenn der Stressempfänger nicht entsprechend auf die Situation reagieren kann. Ein klassisches Beispiel ist der Tierarztbesuch. Die Katze empfindet Angst und würde flüchten, wenn sie könnte. Daran wird sie gehindert, entweder durch den Katzenkorb, den Besitzer oder eine TFA, die sie festhält.

Der negative Stress geht mit ebenso negativen Emotionen einher wie Angst oder Frustration. Im Zusammenhang mit dem Tierarztbesuch finden wir häufig beide gleichzeitig. Ob die Katze im Katzenkorb eingesperrt ist, auf dem Tisch festgehalten wird oder in der Station in einem Käfig sitzt – Angst vor der ungewohnten Situation und die Frustration, aus dieser Situation nicht entrinnen zu können, sind die bestimmenden Emotionen.

3.1.2 Akuter und chronischer Stress

Der akute Stress dauert Sekunden bis Tage an. Ganz kurz ist die Schrecksekunde, in der die Katze einen Hund hinter der nächsten Hausecke entdeckt und die Situation durch eine schnelle Flucht auflöst. Der Tierarztbesuch kann die Katze einige Stunden oder gar einige Tage in Stress versetzen, wenn eine stationäre Unterbringung folgt. Doch auch hier folgt eine Auflösung der Situation, wenn die Katze hoffentlich gesund wieder nach Hause kommt.

Ganz anders sieht der chronische Stress aus. Chronischer Stress entsteht, wenn der Stressor über Wochen und Monate auf den Stressempfänger einwirkt und dieser keine sinnvolle Möglichkeit hat, damit umzugehen. Typische Beispiele sind Probleme im Mehrkatzenhaushalt oder chronische Schmerzen. Dabei kann es zu ständig wiederkehrenden kurzen Episoden von Stress kommen, wie z. B. täglichen kurzen Konflikten mit einer anderen Katze im Haushalt, die den Weg zum Katzenklo verstellt, oder der Stressor ist rund um die Uhr gegenwärtig, z. B. der Arthroseschmerz bei jeder Bewegung.

3.2 Folgen von Stress

3.2.1 Folgen von akutem Stress

Es beginnt damit, dass der stressauslösende Faktor von der Katze wahrgenommen wird. Dies kann über jedes Sinnesorgan passieren: Augen, Ohren, Geruchs-, Geschmacks- und Tastsinn. Innerhalb von Millisekunden wird der Körper in Alarmbereitschaft versetzt. Es kommt zu einer Beschleunigung der Atmung und der Herzfrequenz sowie zu einem Blutdruckanstieg. Die Pupillen weiten sich und die Katze ist hellwach. Jetzt fällt die Entscheidung, welche Strategie zu wählen ist – Kampf, Flucht oder Erstarren – abhängig von der Art und der Entfernung des Stressors. Gleichzeitig steigen die Körpertemperatur, der Blutzuckerspiegel und die Cortisolmenge im Blut. Diese Mechanismen sind in der Natur außerordentlich sinnvoll, denn sie versetzen die Katze in die Lage, optimal mit der Situation zurechtzukommen. Sowohl Gehirn als auch Muskulatur werden maximal durchblutet und mit Sauerstoff versorgt, um entweder schnell fliehen zu können oder im Kampf beste Chancen zu haben.

Nicht ganz so sinnvoll sind die körperlichen Folgen von akutem Stress in der Tierarztpraxis. Da die Katze hier nicht flüchten kann, bleibt ihr nur der Kampf oder das Erstarren, beides Strategien, die für die Untersuchung hinderlich sind. Die veränderten Parameter Körpertemperatur, Atem- und Herzfrequenz, Blutdruck und Blutzuckerspiegel erschweren eine Diagnosestellung und der erhöhte Cortisolspiegel im Blut kann Einfluss auf die Heilung oder den Impferfolg haben.

3.2.2 Folgen von chronischem Stress

Bei chronischem Stress versagen alle Strategien der betroffenen Katze, die Situation aufzulösen. Weder kann sie vor dem Arthroseschmerz flüchten, noch helfen Flucht, Kampf oder Erstarren, wenn der Kontrahent im eigenen Territorium, nämlich im selben Haushalt wohnt. In diesen für die Katze ausweglosen Situationen kommt häufig eine psychische Komplikation dazu, die man „erlernte Hilflosigkeit" nennt. Die betroffene Katze versucht nicht mehr, Strategien zur Stressminimierung zu entwickeln, sondern sie gibt auf.

Ein gutes Beispiel für erlernte Hilflosigkeit sind wild geborene Katzen, die von Tierschutzorganisationen eingefangen, „gezähmt" und vermittelt werden. In den meisten Fällen haben diese Katzen keine Mechanismen, mit der Situation zurechtzukommen. Sie haben das Zutrauen zum Menschen weder durch ihre Eltern genetisch noch durch ihre Umwelt in der sensiblen Phase (zweite bis siebte Lebenswoche) vermittelt bekommen. Werden diese Katzen nun gezwungen, eng mit dem Menschen zusammenzuleben, verfallen sie in eine teilweise lethargische Duldungshaltung. Sie ertragen Zärtlichkeiten stoisch und der liebende Katzenbesitzer bemerkt nicht, dass seine Katze tagtäglich chronischen Stress erlebt.

Dieser chronische Stress kann zu ernsthaften chronischen Krankheiten führen wie der chronischen Zystitis, verschiedene Allergien, Dermatitiden/Alopezie durch übermäßiges Putzen, Herz-Kreislauf-Erkrankungen, Übergewicht, Inflammatory Bowel Disease (IBD) und vielem mehr. Diese Krankheiten sind nur schwer zu behandeln und können nicht geheilt werden, solange die Situation des chronischen Stresses anhält. Und weil Krankheit an sich, ob mit oder ohne Schmerz, als Stressor auf den Organismus wirkt, entsteht zusätzlich ein Teufelskreis, der kaum zu durchbrechen ist.

4

Wie nimmt die Katze ihre Umwelt wahr?

Um sowohl die Tierarztbesuche, als auch das Leben für unsere Samtpfoten zu erleichtern, müssen wir nicht nur verstehen, was Stress bedeutet, sondern auch, wie Katzen ihre Umwelt wahrnehmen (▸ Abb. 4-1). Nur dann können wir uns in sie hineinversetzen und unangenehme Empfindungen vermeiden oder wenigstens reduzieren.

Abb. 4-1 Alle Sinne hellwach

Abb. 4-2 Die schönen, großen Augen der Katze sehen anders als unsere.

4.1 Der Sehsinn

Der Aufbau des Katzenauges unterscheidet sich nicht wesentlich von dem des Menschen. Allerdings ist das Auge der Katze sehr groß im Verhältnis zur Körpergröße (▸ Abb. 4-2).

Der durchschnittliche Durchmesser des Katzenauges beträgt 22 mm, der unserer Augen 25 mm. Diese Tatsache und die Anordnung der Augen etwas seitlicher an dem kleineren Kopf bewirken, dass Katzen ein sehr weites Gesichtsfeld von 200° haben (Mensch 180°), was ihnen bei der Suche nach Beute zugutekommt. Nur im mittleren Gesichtsfeld (90 bis 100°) haben die meisten Katzen binokulares Sehen. Eine Ausnahme bilden viele Siamkatzen, die erblich bedingt eine verringerte Fähigkeit zum Stereosehen haben. Viele dieser Tiere zeigen deutliches Schielen – ein Versuch, die nicht passenden Bilder des rechten und linken Auges in Übereinstimmung zu bringen.

Der sehr kurze Abstand zwischen Pupille und Netzhaut im Katzenauge stellt sicher, dass möglichst wenig Licht auf dem Weg zur Wahrnehmung verloren geht. In der Netzhaut befinden sich **Stäbchen** und **Zäpfchen**, die Lichtreize in Informationen umwandeln, welche über den Sehnerven zum Gehirn weitergegeben werden. Die Zahl der Stäbchen ist bei der Katze etwa dreimal so hoch wie bei uns. Weil die **Stäbchen für die Wahrnehmung von Licht verantwortlich** sind, kann die Katze auch noch in Dämmerung oder Dunkelheit deutlich mehr sehen als der Mensch. Andererseits ist die Zahl der Zäpfchen bei der Katze deutlich niedriger. **Zäpfchen sind für das Farbsehen zuständig.** Die Katze hat 16-mal weniger Nervenzellen zum Farbvergleich. Sie wird als dichromatisch eingeschätzt, was bedeutet, dass sie zwei Farben, Gelb und Blau, sowie deren Mischfarben, z. B. Grün unterscheiden kann, während der Mensch zusätzlich Rot zu seinem gesehenen Farbspektrum zählt. Wir können uns eine Welt in Grün nicht gut vorstellen, doch für die Katze sind Rottöne nicht wichtig für die Jagd. Wenn sie die Umgebung in gedämpften Grüngrautönen sieht, kann sie sich umso besser auf geringste Bewegungen, die von Beutetieren stammen, konzentrieren.

Einen weiteren Unterschied zwischen Katzen- und Menschenaugen finden wir im **Tapetum lucidum**, einer Schicht hinter der Netzhaut. Das Tapetum lucidum der Katze, auch Tapetum cellulosum genannt, reflektiert eingefallenes Licht in hohem Maße zurück zu den Stäbchen, sodass die Lichtabsorption schätzungsweise 40 % höher ist als bei uns. Damit die empfindlichen Stäbchen zwar in Dämmerung und Dunkelheit viel Lichtinformation bekommen, aber im Sonnenlicht nicht überflutet werden, hat die Katze eine **besondere Pupillenform**. Die Pupille kann extrem geweitet (dreimal größer als beim Menschen), aber auch auf einen winzigen Schlitz verengt werden, um den Lichteinfall maximal zu reduzieren. Dazu kommt, dass die Linse der Katze multifokal ist (Lichtfarben werden im Zentrum anders wahrgenommen als am Rand) und eine schlitzförmige Pupille alle Bereiche der Pupille vom Rand bis zum Zentrum mit Lichtinformation versorgt.

Sehr wichtig bei der Suche nach Beutetieren ist die besondere Empfindsamkeit der Augen für schnelle Bewegungen. Dies wird durch die Fähigkeit der Augen, sehr schnelle Bewegungen zu machen, erleichtert. Sie senden in schneller Abfolge Informationen an das Sehzentrum. Dort werden die Informationen abgeglichen mit den vorhergehenden Bildern. Mit 60 Bildern pro Sekunde senden Katzenaugen ihre Informationen dabei doppelt so schnell an das Sehzentrum wie die des Menschen.

Mit all diesen visuellen Fähigkeiten ist die Katze bestens gerüstet für die Jagd nach kleinen Beutetieren am Tage und in der Nacht. Das einzige Defizit im Sehen der Katze liegt in der Sehschärfe, besonders im Nahbereich. Hier, direkt vor ihrem Gesicht, sieht sie die Dinge nur sehr verschwommen. Deshalb muss sie beim Beutegriff andere Sinne zu Hilfe nehmen, z. B. die Tasthaare (▶ Kap. 4.4). Hier finden Sie zwei Beispiele, die Ihnen einen Eindruck von der Sehfähigkeit von Katzen vermitteln (svg.to/sehsinn1 und svg.to/sehsinn2).

PRAXISTIPP

Weil die Katze im Nahbereich schlecht sehen kann, ist sie häufig nicht in der Lage, die Wasseroberfläche in einer Trinkschüssel zu erkennen, besonders dann nicht, wenn diese aus reflektierendem Material wie Edelstahl gefertigt ist. Idealerweise ist die Wasserschüssel aus Glas und wird bis zum Rand mit Wasser gefüllt. Dann kann die Katze den Wasserspiegel sehen und läuft nicht Gefahr, die Nase zu weit einzutauchen (▶ Abb. 4-3).

Abb. 4-3 Die ideale Wasserschüssel

4.2 Der Gehörsinn

Jeder von uns hat tausendmal die Ohren einer Katze gesehen, ohne sich Gedanken über deren schnelle Bewegungen zu machen. Diese sind dazu geeignet, alle Geräusche in der Umgebung einzufangen. Die Ohren bewegen sich teilweise unabhängig voneinander, um keinen Ton zu verpassen. Ein Abgleich der Informationen aus beiden Ohren im Gehirn kann Information über die Lokalisation der Geräuschquelle geben.

Durch den Aufbau des Mittel- und Innenohres und durch die gute Versorgung mit Nervenzellen (ca. 30 % mehr als beim Menschen) kann die Katze nicht nur besser hören, sondern hat auch ein breiteres Spektrum. Im Hören von sowohl hohen als auch tiefen Tönen ist sie uns deutlich überlegen (48 Hz bis 85 kHz). Damit ist sie zwar zum Aufspüren von Beutetieren wie Mäusen, die sich im Ultraschallbereich verständigen (30 bis 100 kHz), bestens gerüstet, wird aber häufig von unserer „lauten“ Menschenwelt überfordert.

4.3 Der Geruchssinn

Das olfaktorische System ist für die Aufnahme von Gerüchen und Pheromonen zuständig. Dafür benutzt die Katze die Nase und das **Vomeronasalorgan** (VNO oder auch Jacobson-Organ genannt).

In den **Epithelzellen der Nasenschleimhaut** werden in erster Linie Gerüche aufgenommen. Die Epithelfläche in der Nase der Katze, d. h. die Oberfläche der Nasenmuscheln, ist durch feinere Fältelung etwa zehnmal so groß wie die des Menschen. Die Gerüche kommen passiv – bei der Atmung – oder aktiv – durch Schnüffeln – zu den Epithelzellen, werden dort aufgenommen und als Nervenreiz zum Gehirn weitergeleitet.

Das **Vomeronasalorgan** befindet sich in der Maulschleimhaut im harten Gaumen. Die zwei Öffnungen liegen als kaum sichtbare Papillen hinter den oberen Schneidezähnen. Das VNO ist spezialisiert auf Pheromone, tierartspezifische Botenstoffe, die in unterschiedlicher Zusammensetzung von verschiedenen Drüsen produziert werden und sehr genaue Informationen enthalten.

EXKURS

Pheromone und pheromonproduzierende Drüsen

Pheromonproduzierende Drüsen bei der Katze finden wir an den Lippen, dem Kinn, den Wangen und Schläfen, an der Schwanzbasis und am Schwanz (Kaudaldrüsen), im Anal- und Urogenitalbereich, in der Mammaleiste und an den Ballen. Sie geben verschiedene Pheromone ab, um unterschiedliche Informationen zu transportieren. Die Pheromone der Kopf- und Kaudaldrüsen markieren unter anderem eine Art Gruppenzugehörigkeit und damit Katzen, Personen und Orte, mit und an denen sich die Katze wohlfühlt. Die Pheromone der Mammaleiste (produziert in Drüsen rund um die Brustwarzen) haben eine besänftigende Wirkung auf die Welpen. Die Pheromone der Ballen dienen in erster Linie der Territorialmarkierung, während die Pheromone der Anal-/Urogenitalregion unter anderem Informationen zum Sexualstatus weitergeben können. Katzen haben viele bekannte Verhaltensmuster, bei denen sie Pheromone bewusst platzieren und damit die enthaltenen Informationen an andere Katzen weitergeben, ohne Gefahr zu laufen, in direkten und vielleicht unfriedlichen Kontakt mit Artgenossen treten zu müssen.

Das Wissen um die Bedeutung der Pheromone hat geholfen, einige dieser Botenstoffe zu analysieren und nachzubauen. Heute stehen uns synthetische Pheromone „aus den Wangendrüsen“ (Feliway® Classic), „aus der Mammaleiste“ (Feliway® Friends) und „aus den Ballendrüsen“ (Feliway® Scratch) zur Verfügung, um manchmal das Leben einer Katze leichter zu machen.

Die Pheromone werden von der Katze während eines Vorganges, den man Flehmen nennt, aufgenommen. Flehmen ist auch bei anderen Tierarten, z. B. Pferden, bekannt. Dabei werden der Kopf etwas angehoben, das Maul Richtung Quelle ein wenig geöffnet und die Oberlippen etwas gehoben (▶ Abb. 4-4). Fast unmerklich lässt die Katze geringe Mengen Luft in die Maulhöhle fließen. Die Pheromonmoleküle gehen dabei im Speichel in Lösung. Auch durch Auflecken können solche Moleküle in den Speichel gelangen. Mit dem Speichel werden sie durch die kleinen Öffnungen hinter den Schneidezähnen zum VNO transportiert. Dort wird die enthaltene Information in Nervenreize umgewandelt und zum Gehirn gesendet. Werden Pheromonmoleküle durch die Nase eingeatmet, können sie im nasalen Schleim gelöst ebenso zum VNO gebracht und verarbeitet werden.

4.4 Der Tastsinn

Die Haut der Katze ist nahezu komplett mit Haaren bedeckt (Ausnahme: die Nacktkatze „Sphinx"). Dadurch ist die Empfindung von taktilen Reizen am Körper im Vergleich zum nackten Menschen deutlich reduziert. Allerdings gibt es auch haarlose Bereiche, z. B. die Pfoten. An den Pfoten nimmt die Katze sowohl Temperatur als auch Textur der berührten Oberfläche wahr. Doch ungleich besser ist der Tastsinn der Katze ausgeprägt, sobald die Schnurrhaare und Tasthaare ins Spiel kommen (▶ Abb. 4-5).

Die ungefähr **24 Barthaare** zwischen Lippen und Wangen sowie die Tasthaare über den Augen und auf der Rückseite der Vorderbeine sind zweimal so dick wie das normale Deckhaar und sind tiefer in der Haut verankert. An den Wurzeln befinden sich sensible Nervenenden, die die Stellung der Haare als Information zum Gehirn senden. Dadurch erfährt die Katze viel über ihre Umgebung, auch ohne Sicht. Sie bekommt Informationen über Hindernisse, Abstände, Bewegungen und sogar über Luftdruck und Luftbewegungen. Luftzug und darin enthaltene kleine Fremdkörper wie Sand und Staub lösen auf diesem Weg den Blinkreflex zum Schutz der Hornhaut aus.

Besonders spannend wird die Rolle der **Schnurrhaare** beim Beutefang. Da die Katze außerordentlich weitsichtig ist und im Nahbereich die Maus nicht erkennen kann, muss sie sich ihres Tastsinnes bedienen, um gezielt zubeißen zu können. Dafür ist sie in der Lage, die langen

Abb. 4-4 Flehmende Katze

Abb. 4-5 Die Tasthaare des Katzengesichtes

Barthaare anhand kleiner Muskelfasern an der Wurzel jedes Haares nach vorne zu richten. Sobald die Beute so nah vor dem Gesicht ist, dass sie nicht mehr von der Katze gesehen wird, übernehmen die Schnurrhaare die Führung. Die Funktion der Schnurrhaare beim Beutefang wird sehr anschaulich in diesem Video dargestellt (svg.to/schnurrhaare_beute).

PRAXISTIPP

Weil die Tasthaare sehr empfindlich sind, sollten die Futter- und Wasserschüssel möglichst flach sein, damit die Schnurrhaare bei der Futter- bzw. Wasseraufnahme nicht irritiert werden (▶ Abb. 4-6).

Weitere wichtige Tastorgane der Katze sind die **Eckzähne** und die Papillen auf der Zunge. Die Canini, insbesondere die Oberkiefercanini, sind in der Lage, den Zwischenraum zwischen den Halswirbeln des Beutetieres noch während des Tötungsbisses zu ertasten. Damit wird verhindert, dass auf die Wirbelkörper gebissen wird und die Canini

Schaden nehmen. Danach geben die Eckzähne die Information, ob die Beute tot bzw. bewegungslos ist oder weiter festgehalten werden muss.

Die **Tastpapillen auf der Zunge**, die jeder von uns schon als „Reibeisen" gespürt hat, finden bei der Fellpflege jeden Floh und jede Verschmutzung. Sie bestehen aus Keratin, sind nach innen gerichtet und reinigen nicht nur das Fell, sondern entfernen Fell oder Federn von der Beute und beseitigen Beutespuren vom Körper der Katze. Außerdem sind sie unerlässlich für die Wasseraufnahme. Die Katze benutzt die Zunge nicht wie der Hund als Löffel beim Wasserschlecken, sondern klappt sie nach unten, um mit den Papillen die Wasseroberfläche zu berühren. Dann schnellt die Zunge nach oben und die Oberflächenspannung lässt eine kleine Wassersäule entstehen. Bevor diese zusammenfällt, kann die Zunge einen Tropfen auffangen. Eine sehr mühselige Art der Wasseraufnahme, sehr schön zu sehen in diesem Video (svg.to/wassertrinken).

Haut, Pfoten, Tasthaare und Zunge spielen neben ihren Aufgaben in der Reizempfindung und Weiterleitung eine große Rolle im Sozial-

Abb. 4-6 Katze frisst aus der idealen Futterschüssel.

verhalten, vor allem bei der Weitergabe von Pheromonen, sei es durch **Gesichterreiben (Facerubbing)**, **Körperreiben (Allorubbing)** oder **gegenseitiges Putzen (Allogrooming)**.

4.5 Der Geschmackssinn

Wie beim Menschen liegen auch bei der Katze die **Geschmacksknospen auf der Zunge**. Verschieden geformte Papillen sind auf dem Zungenrücken verteilt. An der Zungenspitze und an den lateralen Rändern finden sich pilzförmige Papillen, während die Papillen im hinteren Bereich der Zunge zierlicher geformt sind. Die Papillen haben kleine Poren, in denen die Geschmacksknospen enthalten sind. Jede Geschmacksknospe enthält 50 bis 150 Rezeptorzellen, die die Geschmacksempfindung an das Gehirn weiterleiten. Die filliformen (fadenförmigen) Papillen in der Mitte des Zungenrückens enthalten keine Geschmacksknospen, sondern sind in erster Linie für die Fellpflege zuständig. Katzen haben ungefähr 470 Geschmacksknospen, was im Verhältnis zum Menschen mit seinen 9.000 sehr wenig ist. Sie nehmen chemische Botschaften eher mit dem Geruchssinn wahr, weshalb stark riechendes Futter häufig bevorzugt wird.

Wie andere Säugetiere haben Katzen einen Sinn für sauer, salzig, bitter und umami (fleischig, herzhaft). Im Gegensatz zu anderen Lebewesen empfinden sie aber keine Süße. Als obligate Fleischfresser benötigen sie keinen Sinn für den süßen Geschmack, z. B. von Früchten. Wohl aber können sie verschiedene Aminosäuren geschmacklich voneinander unterscheiden und damit die Qualität des Fleisches einschätzen, was für einen Fleischfresser weit sinnvoller ist, als Zucker zu schmecken. Nach dem Tod des Beutetieres bzw. mit abnehmender Frische des Futters steigt auch der Gehalt an Stoffen im Gewebe, die von der Katze vermutlich als bitter wahrgenommen werden (Monophosphatnukleotide). Katzen mögen bitteren Geschmack nicht, was wahrscheinlich der Grund dafür ist, dass sie kein Aas fressen und häufig auch die Gallenblase oder andere innere Organe ihrer Beutetiere nicht verspeisen. Eine weitere Besonderheit des Katzengeschmackssinnes ist die Empfindlichkeit für den Geschmack von Wasser. Geringste Änderungen im Mineralstoffgehalt werden wahrgenommen. Empfindliche Katzen zeigen deutliche Präferenzen für bestimmte Wassersorten, sei es Regenwasser, Leitungswasser, frisches oder abgestandenes Wasser.

Wissenschaftler vermuten, dass die Empfindlichkeit der Geschmacksnerven am größten bei 30 °C, in etwa der Temperatur der Zunge, ist. Schlecht fressenden oder kranken Katzen (besonders Katzen mit Schnupfen) könnte man deshalb bevorzugt angewärmtes Feuchtfutter anbieten, damit sie in der Lage sind, das Futter maximal zu „schmecken".

Zuletzt haben wir noch eine Sensibilität der Maulhöhle zu erwähnen, die zum Tastsinn gehört, aber eine wesentliche Rolle für die Palatabilität oder Schmackhaftigkeit des Futters spielt. Zunge, Gaumen und Zähne empfinden die Textur und die Konsistenz einer Nahrung. Bei der Katze, die nicht mehr vom Mäusefang lebt, spielt der Unterschied zwischen Trocken- und Feuchtfutter aus diesem Grund häufig eine große Rolle. Viele Katzen entwickeln eine Vorliebe für die Konsistenz und Textur eines Trockenfutters, auch wenn vielleicht aus tierärztlicher Sicht ein Feuchtfutter oder gar ein Diätfutter die bessere Wahl wären. An dieser Stelle ist von uns Beratung gefordert, um dem Tierhalter Hilfen zu geben, wie er die Akzeptanz eines bestimmten Futters verbessern kann (z. B. Futter erwärmen, einen anderen Napf verwenden [s. o.], immer frisch in kleinen Mengen anbieten etc.).

In den vorangegangenen Kapiteln haben wir erfahren, wie die Katze ihre Umwelt wahrnimmt und warum sie negativen Stress empfindet. Wie dieser Stress beim Tierarztbesuch, z. B. durch die Einrichtung, minimiert werden kann, möchte ich Ihnen im nächsten Kapitel zeigen.

II

Die katzenfreundliche Praxis

5

Anmeldung, Wartezimmer und Behandlungsraum – die Einrichtung

Schon beim ersten Besuch einer katzenfreundlichen Praxis fällt dem Besucher ein Unterschied zu anderen Praxen auf. Vielleicht sieht er das Logo an der Tür, vielleicht sieht der Tresen anders aus als in herkömmlichen Praxen oder es gibt nach Tierarten separierte Wartebereiche (▸ Abb. 5-1).

Versetzen wir uns in die Lage der Katze. Die Realität sah bisher so aus: Bereits zuhause begann der Stress, denn der Katzenkorb wurde vom Dachboden geholt, die Katze wurde eingefangen und in den Korb gestopft. Vielleicht ist die Katze krank und hat Schmerzen. Dann ist eine solche Behandlung zwar unverzichtbar, doch umso unangenehmer. Schon jetzt ist der Stresspegel sehr hoch. Weil die Katze nun in der Transportbox eingesperrt und ihrem Schicksal ausgeliefert ist, kommt Frustration dazu. Und es wird noch schlimmer: Der Transportkorb wird angehoben, durch die Gegend getragen und ins Auto gestellt. Türen knallen, das Auto setzt sich in Bewegung. Hält es endlich an, kommt die nächste Höllenfahrt, nämlich die Ankunft in der Tierarztpraxis. Dort wird der Korb auf den Fußboden gestellt, während sich der Besitzer am Tresen anmeldet. Ein Hund kommt jaulend herein und schnüffelt sofort an dem Katzenkorb mit der inzwischen völlig verzweifelten Katze. Sie kann sich nicht wehren und sie hat keine Möglichkeit zur Flucht. End-

Abb. 5-1 Getrennte Wartezimmer für Hunde und Katzen

lich wird der Korb wieder hochgenommen und der Besitzer setzt sich mit seiner Katze ins Wartezimmer. Auch hier rechts und links Hunde, gegenüber wartet eine Katze, die böse faucht, weil ein Hund ihr zu nah gekommen ist. Ein neuer Patient kommt herein, diesmal ein Welpe, der aufgeregt bellt und die anderen Hunde zum Spielen auffordert.

Wenn unsere Katze endlich aufgerufen wird und sie samt Transportkorb im Behandlungsraum auf dem Tisch landet, ist nicht mehr mit einer Zusammenarbeit zwischen Tierarzt, TFA und Patient zu rechnen. Sie wird entweder in der letzten Ecke des Korbes sitzen und darauf warten, dass eine Hand auf sie zukommt, die sie angreifen kann oder sie versucht, ihr Heil in der Flucht zu suchen. Eine ausweglose Situation für uns, eine verzweifelte für die Katze. Geht es anders? Ja.

Den Weg zum Tierarzt stressärmer zu gestalten, liegt selbstverständlich in der Hand des Besitzers, doch im Kapitel „Katzenkorbtraining" (▸ Kap. 10.1) werden Möglichkeiten aufgezeigt, wie wir hierbei helfen können.

Unsere Aufgabe ist es nun, unsere Praxis so zu gestalten, dass unsere samtpfötigen Patienten, die aufgeregt und frustriert in ihrem Transportkorb in unserer Praxis ankommen, ihre Angst überwinden, beruhigt werden und dann am besten schnurrend auf dem Behandlungstisch sitzen.

5.1 Die Anmeldung

Der Besitzer sollte niemals gezwungen sein, den Transportkorb auf den Fußboden zu stellen. Tut er es dennoch, weisen wir ihn darauf hin, dass es erhöhte Plätze zum Abstellen der Katze gibt (▶ Abb. 5-2). Bewährt haben sich unterschiedliche Tresenhöhen oder Ablagebretter wie früher für die Handtasche, allerdings mit mehr Tiefe (▶ Abb. 5-3). Oder einfach ein Stuhl oder ein Tischchen. Der Empfangsbereich sollte auch genug Platz bieten, sodass Hund und Katze nicht nebeneinanderstehen müssen.

Wir bitten unsere Katzenbesitzer immer, ihre Katzen sofort in das Wartezimmer zu tragen und dort auf einen der „Katzenkorbparkplätze" zu stellen, um sie vor dem Gedränge an der Anmeldung zu schützen.

Dasselbe gilt übrigens auch für das Prozedere nach der Behandlung. Wieder wird der Katzentransportkorb im Wartezimmer geparkt, während der Besitzer am Tresen vielleicht einen neuen Termin vereinbart, eventuell noch Medikamente bekommt und bezahlt.

Abb. 5-2 Breiter Tresen mit Abstellmöglichkeit für Katzenkörbe

Abb. 5-3 Abstellmöglichkeit am Tresen

EXKURS

Seit einiger Zeit gibt es bei uns am Tresen eine Neuerung, die sich sehr bewährt hat.

Im Dezember 2015 habe ich Marie Hoyer in Wien besucht, die dort gerade Österreichs erste reine Katzenpraxis eröffnet hatte. Von ihr habe ich viele Tipps bekommen und später bei mir verwirklicht. Der beste Tipp war, den Katzen Kuscheldecken zu Verfügung zu stellen, die mit einem Spritzer Pheromonspray (z. B. Feliway® Classic Spray) präpariert sind. Seitdem haben wir diese Decken an der Anmeldung liegen und ermuntern die Besitzer, ihren Katzenkorb schon an der Anmeldung damit abzudecken (▶ Abb. 5-4). Die Katzen lieben unsere besonderen Fleecedecken und auch auf dem Behandlungstisch sind sie inzwischen unverzichtbar (▶ Abb. 5-5 bis ▶ Abb. 5-7). Die ängstliche Katze kann sich darunter verstecken und fühlt sich geborgen.

Erst beim Verlassen der Praxis geben die Katzenbesitzer die Decke wieder ab. Sie wird gewaschen und erneut eingesprüht.

Abb. 5-4 Schon bei Ankunft in der Praxis wird der Katzenkorb abgedeckt.

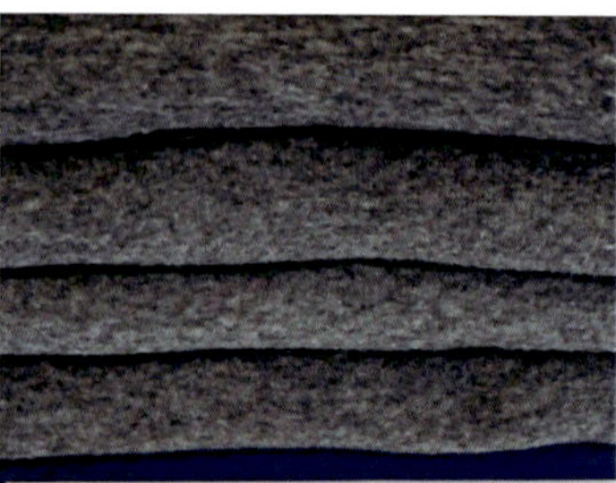

Kuscheldecken für Ihre Katzen

Ab sofort halten wir für unsere Katzenpatienten Kuscheldecken zur Benutzung während der Wartezeit und im Behandlungszimmer bereit. Diese Decken sind mit Wohlfühlpheromonen präpariert. Legen Sie die Decke über den Transportkorb oder auf den Behandlungstisch, um Ihrer Katze ein angenehmes Gefühl zu geben und den Stress des Besuches in unserer Praxis zu reduzieren.
Probieren Sie es aus. Nach der Behandlung geben Sie Ihre Decke einfach an der Anmeldung ab. Vielen Dank,

Ihr Praxisteam

Abb. 5-5 Informationsblatt an der Anmeldung zur Verwendung der präparierten Decken

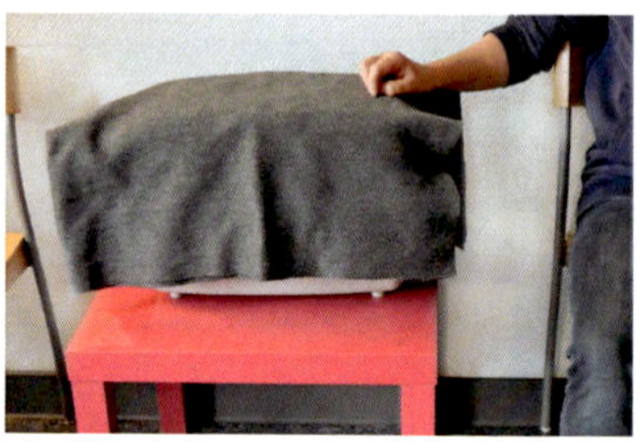

Abb. 5-6 Im Wartezimmer schirmt die präparierte Decke von der Umgebung ab.

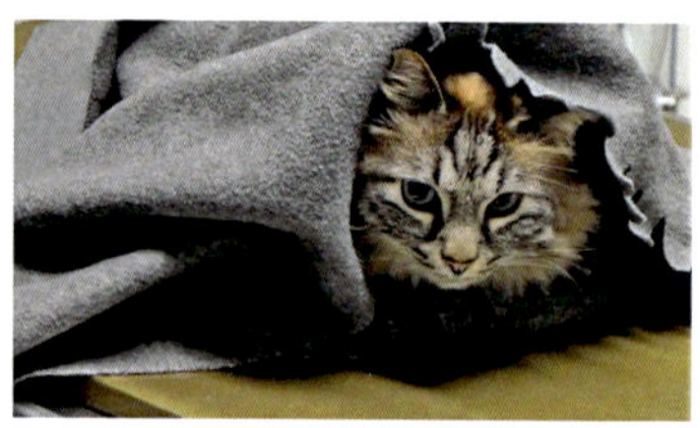

Abb. 5-7 Auf dem Behandlungstisch bietet die Decke Schutz und Geborgenheit.

PRAXISTIPP

Ein Spritzer Pheromonspray in die Mitte der Decke genügt. Katzen haben sehr feine Nasen für Pheromone. Sprüht man mehr, bekommen die meisten Mitarbeiter der Praxis ein unangenehmes Kratzen im Hals und möglicherweise tränende Augen.
Außerdem sollte man bei Fleecedecken auf das Trocknen im Wäschetrockner verzichten. Sie laden sich statisch auf und die Entladung ist weder für das Personal noch für die Katze angenehm.

5.2 Das Wartezimmer

Wie bereits erwähnt, gibt es in der idealen katzenfreundlichen Praxis zwei Wartezimmer. **Getrennt werden sollten grundsätzlich immer Hunde und Katzen.** Heute behandeln Kleintierpraktiker auch mehr und mehr Heimtiere, Exoten und Vögel. Sollen nun alle Tierarten ein eigenes Wartezimmer bekommen? Nein.

Wir bitten die Besitzer der Kaninchen, Hamster etc. im Katzenwartezimmer Platz zu nehmen, weil es dort ruhiger ist, während wir die Vogelbesitzer lieber zu den Hunden schicken, denn Katzen sind des Vogels Fressfeind. Echsen und Schlangen sind meist in Thermoboxen untergebracht und bekommen von ihrer Umgebung nicht so viel mit, weshalb deren Besitzer sich setzen dürfen, wo gerade Platz ist. Häufig sind der Einrichtung zweier Wartezimmer architektonische Grenzen gesetzt. Dann kann man sich mit Raumteilern helfen, um ruhige Ecken zu schaffen.

Eine weitere Möglichkeit ist die zeitliche Trennung der Sprechzeiten nach Hunden und Katzen wie die Einrichtung einer reinen Katzensprechstunde an manchen Tagen in der Woche. Am katzenfreundlichsten ist

Abb. 5-8 Kleiner Tisch als Katzenkorbparkplatz

Abb. 5-9 Rutschfeste Abstellfläche neben dem Sitzplatz

Abb. 5-10 Katzenbehandlungsraum

natürlich die reine Katzenpraxis, die noch nie von einem Hund betreten wurde. Doch das ist ein großer Schritt.

In England hat sich die Idee der „Cats only"-Praxis bereits sehr durchgesetzt, während es in Deutschland bisher nur sehr wenige gibt.

Im Katzenwartezimmer/Katzenwartebereich brauchen wir Abstellmöglichkeiten für die Transportkörbe. Kleine Tischchen (▶ Abb. 5-8) oder Regalbretter an der Wand haben sich bewährt. Abstellplätze auf der Sitzbank sind ebenfalls eine gute Lösung (▶ Abb. 5-9). Hier reicht es nicht, einfach mehr Stühle zur Verfügung zu stellen. Diese werden nach meiner Erfahrung nicht zum Abstellen des Katzenkorbes genutzt. In englischen Katzenwartezimmern sieht man häufig ganze Regale, in denen sechs bis acht Katzenkörbe „geparkt" werden können. Eine solche platzsparende Variante würden laut einer kleinen Umfrage unsere Katzenbesitzer nicht mögen.

5.3 Der Behandlungsraum

Nachdem nun unsere Katze gut geschützt unter der Fleecedecke mit Pheromonduft im ruhigen Wartezimmer gesessen hat, ist sie bereit für den nächsten Schritt: Sie wird aufgerufen und in den Behandlungsraum getragen.

Abb. 5-11 Hier kommen die Patienten vom Katzenwartezimmer direkt in zwei Katzenbehandlungszimmer.

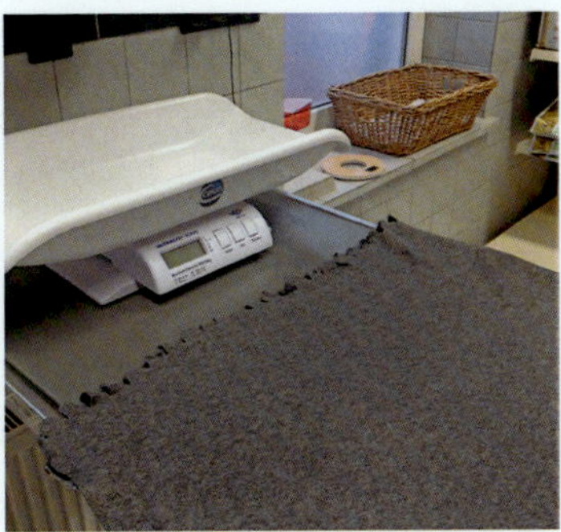

Abb. 5-12 Katzenbehandlungstisch mit Waage

Auch hier gibt es wieder den Idealfall: einen Behandlungsraum nur für Katzen (▶ Abb. 5-10, ▶ Abb. 5-11). Hier sind wie schon im Katzenwartezimmer Hunde **zu jeder Zeit** verboten. Dabei geht es vor allen Dingen darum, den Geruch nach Hund nachhaltig zu verhindern.

Behandlungstische haben üblicherweise eine Edelstahloberfläche. Diese kann man sehr schön reinigen. Doch für Katzen stellt Edelstahl eine äußerst angsteinflößende Oberfläche dar, die kalt ist, vielleicht sogar spiegelt und mit Reflexionen irritiert. Außerdem kann eine solche Oberfläche sehr unangenehm laut sein, wenn man das Phonendoskop oder eine Medikamentenflasche darauf ablegt. Deshalb sollte der Tisch, auf dem die Katze aus ihrem Korb steigt, eine isolierende Abdeckung, z. B. aus Gummi oder PU-Schaum, haben. Nur ein Handtuch scheint mir nicht ausreichend.

Zur Einrichtung eines Raumes, in dem Katzen behandelt werden, gehört eine Katzenwaage. Bewährt haben sich Babywaagen, die in verschiedenen Arten und Designs angeboten werden (neuerdings sogar zum Zusammenklappen und an die Wand hängen). Da wir unsere Katzen bei jedem Besuch wiegen, steht die Waage immer in unmittelbarer Nähe, im Katzenzimmer sogar auf dem Behandlungstisch (▶ Abb. 5-12).

Das Gewicht wird immer dokumentiert, um auch kleine Abweichungen wahrzunehmen (▶ Abb. 5-13). Man stelle sich Folgendes vor: Mimi,

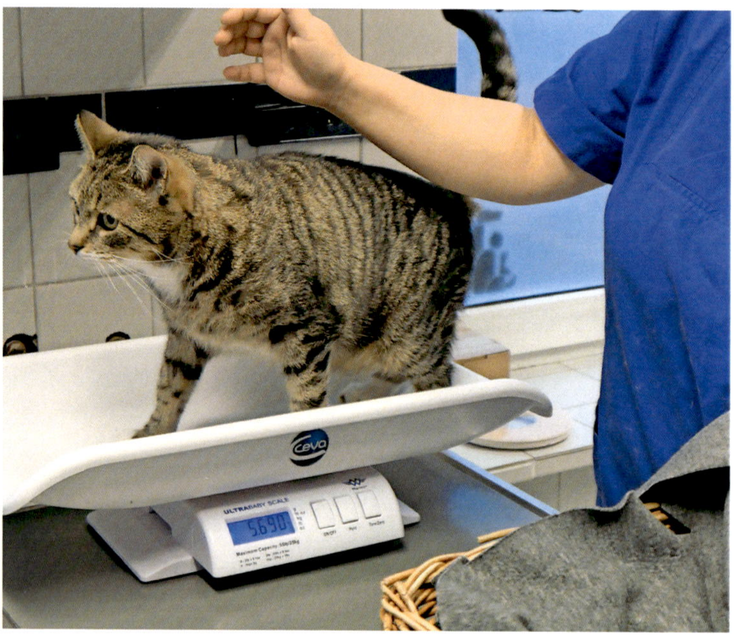

Abb. 5-13 Häufig klettern unsere Patienten aus Neugierde freiwillig auf die Waage, die auf dem Behandlungstisch steht.

12 Jahre alt, Wohnungskatze, wog beim letzten Besuch vor 2 Monaten 4,4 kg. Heute bringt sie 4 kg auf dieselbe Waage. Der Besitzer ist fest davon überzeugt, dass Mimi gesund ist. Sie sei munter und fresse immer mit sehr gutem Appetit. Und mit 4 kg sei sie doch nicht zu dünn. Besteht Handlungsbedarf? Ja. Ich kann ihm erklären, dass die 400 g bei Mimi immerhin 7 kg bei mir entsprechen würden: „Ich wäre zwar nicht unglücklich über den Gewichtsverlust, doch wenn ich 7 kg abnehmen würde, obwohl ich sehr viel esse, würde sich mein Hausarzt auch Sorgen machen. Wir sollten mal Mimis Blut untersuchen."

In unseren Behandlungsräumen halten wir flache Körbe vorrätig, um die Katzen eventuell hineinzusetzen (▸ Abb. 5-14). Derart „geschützt" von allen Seiten lassen sie manche Prozeduren wie Injektionen oder subkutane Infusionen viel geduldiger über sich ergehen.

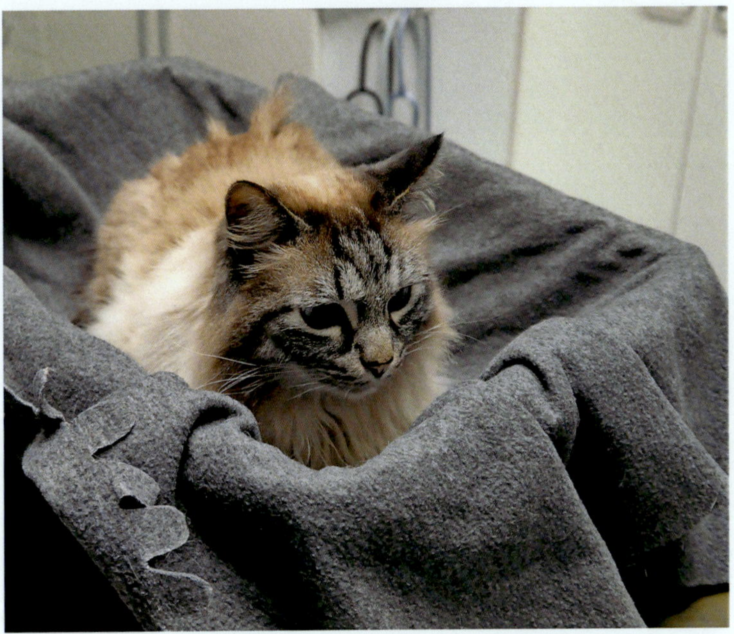

Abb. 5-14 Kater Paul sitzt gerne im angebotenen Weidenkorb.

PRAXISTIPP

Zusätzlich zu den präparierten Kuscheldecken kann im Behandlungsraum ein Wohlfühlaroma durch den Einsatz eines Pheromon-Verdampfers (z. B. Feliway® Classic Verdampfer) in der Steckdose geschaffen werden. In jedem Fall sollte man mit scharfen Gerüchen wie Desinfektionsmittel etc. sparsam umgehen. Die Desinfektion des Behandlungstisches kann gezielt und indikationsgebunden vorgenommen werden und muss viel seltener erfolgen, als es üblich ist.

6 Behandlung – Soft Skills

Soft Skills in der Behandlung – was ist das? Als Soft Skills (streng übersetzt mit Sozialkompetenzen) möchte ich in diesem Buch unser Verhalten bezeichnen, das einen großen Einfluss haben kann auf die Stressentstehung bei der Katze in unserer Praxis. Unser Erfolg bei der Verwirklichung der katzenfreundlichen Praxis beruht nicht alleine darauf, dass die Einrichtung katzenfreundlich ist. Viel wichtiger sind die Soft Skills, die ich in den folgenden Kapiteln zusätzlich zur Beschreibung der „Einrichtung“ ausführen werde.

BEACHTE

Soft Skills werden vom Personal der Praxis, also von den Tierärzten, TFAs und allen anderen Mitarbeitern, gelebt. Sie sind die Grundlage unseres Verhaltens, das unsere Praxis katzenfreundlich macht.

Abb. 6-1 Bei dieser Katze brauchen wir viel Geduld, um ihr die Angst zu nehmen.

Wieder beginnen wir mit der Ankunft der Katze in der Tierarztpraxis. Schon hier können wir mit Aufmerksamkeit und Achtsamkeit dafür sorgen, dass es den Kätzchen in unserer Obhut gut geht. Unsere Kolleginnen an der Anmeldung weisen die Katzenbesitzer auf unseren neuen Kuscheldeckenservice hin und bitten sie, den Korb nicht auf den Boden, sondern lieber auf den Tresen oder, noch besser, in das Katzenwartezimmer zu stellen. Sie bitten die Hundebesitzer, ihre Hunde ins Hundewartezimmer zu führen, besonders, wenn diese laut oder aufgeregt sind.

Im Behandlungsraum sind Soft Skills noch wichtiger und vielfältiger. Hier geht es darum, der Katze die Angst vor dem Fremden zu nehmen, damit sie sich untersuchen lässt (▶ Abb. 6-1). Das geht nicht, wenn bei ihr bereits alle Alarmglocken läuten. Deshalb wird der Korb zuerst auf den Tisch gestellt und geöffnet, während der Tierarzt und der Besitzer sich über die Krankheitsgeschichte unterhalten. Wir lassen der Katze Zeit, vielleicht selbst aus dem Korb zu klettern. Dazu stellen wir ihr die präparierte Kuscheldecke, die zuvor den Korb abdeckte, zum Verstecken zur Verfügung.

BEACHTE

Softskills in der Behandlung

- Versuchen Sie einzuschätzen, welche Katze schon in einen Behandlungsraum gebracht werden sollte, damit sie sich dort akklimatisieren kann, bevor der Tierarzt kommt. Das ist z. B. bei Blutdruckmessungen sehr wichtig.
- So viel Zeit muss sein: Der Standard der ISFM für die Catfriendly Clinic sieht Konsultationen nicht unter zehn Minuten, besser 15 Minuten, pro Katze vor.

Wenn die Katze nicht freiwillig aus dem Korb klettert, kann vielleicht ein vor den Korb gelegtes Leckerli helfen. Ideal sind Transportkörbe, deren obere Hälfte abzuheben ist oder solche mit Deckel. Nach dem Öffnen, können wir die ängstliche Katze mit der Decke abdecken, um ihr Schutz und Geborgenheit zu vermitteln. Bei Katzenkörben, die nur einen Ausstieg haben, beobachten wir die Katze unauffällig, um abzuschätzen, ob sie sehr ängstlich ist und vielleicht sogar aggressiv reagieren wird. Wir reden leise mit ihr und nehmen eine Decke zu Hilfe, schieben unsere Hand vorsichtig unter den Körper der Katze und heben sie aus dem Korb.

PRAXISTIPP

Ideal ist es, Katzenbesitzer schon 10 Minuten vorher in den Behandlungsraum zu bringen und die Katze aus dem Korb herauszulassen, damit diese den Raum erkunden kann. Dabei muss sichergestellt werden, dass es keine Verstecke gibt, aus der man das Kätzchen hinterher nicht mehr herausholen kann oder nur, indem man die Möbel abbaut. Ich habe die Erfahrung gemacht, dass nach diesen 10 Minuten nicht nur die Katzen, sondern auch ihre Besitzer deutlich entspannter sind.

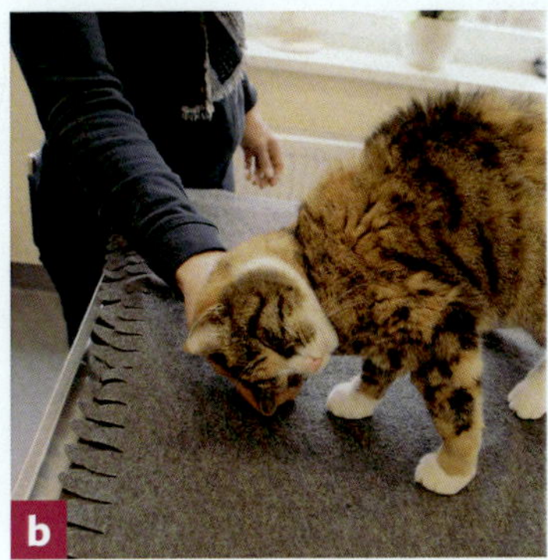

Abb. 6-2 Die Hand als Friedensangebot (**a**) und die beste Reaktion der Katze (**b**)

Die erste aktive Kontaktaufnahme ist ein Angebot: eine hingehaltene Hand (▶ Abb. 6-2). Ich erlebe inzwischen sehr häufig, dass Katzen dieses Angebot damit beantworten, dass sie ihre Stirn kurz gegen meine Hand drücken. Das ist der erste Schritt zu einer friedvollen Zusammenarbeit.

Wichtig ist in diesem Zusammenhang auch unsere Mimik. Katzen fassen einen starr auf sie gerichteten Blick aus aufgerissenen Augen als Drohung auf. Besser ist es, zur Seite zu schauen. Ein Besänftigungszeichen unter Katzen ist das langsame Schließen der Augen, das man ebenfalls imitieren kann.

Wenn die Katze auf dem Tisch festgehalten werden muss, sollte dies sanft, ohne Druck und unter Zuhilfenahme einer Kuscheldecke passieren. Wir bilden eine schützende Höhle mit unserem Körper, in die sich das ängstliche Kätzchen zurückziehen kann (▶ Abb. 6-3).

Abb. 6-3
Die Höhle

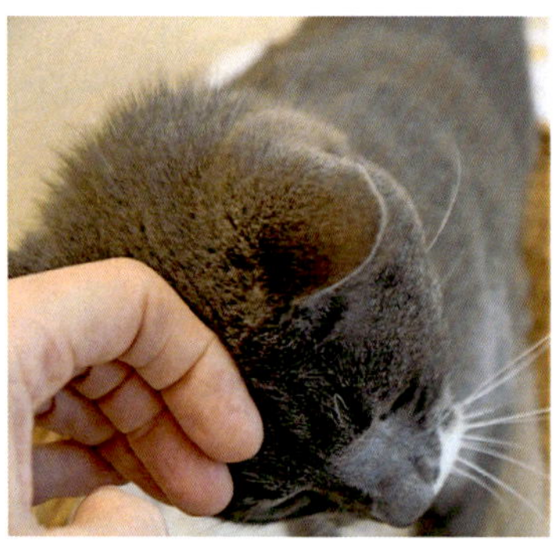

Abb. 6-4 Das Massieren der Stirn ist für die Katze eine Wohltat.

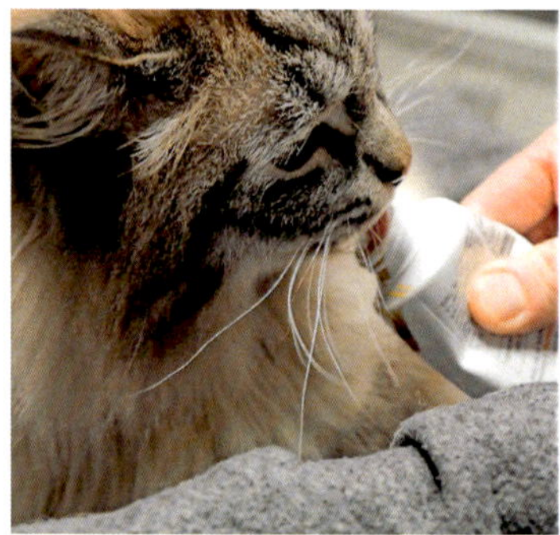

Abb. 6-5 Manche Katze liebt ein Leckerchen aus der Tube.

Zur Beruhigung und Ablenkung kann zusätzlich ein sanftes Reiben der Stirn dienen, dass von der Katze instinktiv als freundliche Geste empfunden wird (▶ Abb. 6-4).

PRAXISTIPP

Viele Katzen lassen sich bestechen. Gerade junge Katzen nehmen gerne ein Leckerli. Aber auch erwachsene und ältere Katze können sich für leckere Häppchen interessieren. Katzenpaste, Lachspaste oder Thunfisch können Wunder wirken (▶ Abb. 6-5).

Je invasiver unsere Behandlung sein muss, desto wichtiger ist der vorsichtige Umgang mit dem Patienten. Wir beobachten die Katze und versuchen, die mentale Verfassung einzuschätzen, in der sie sich befindet. Wie hält sie die Ohren? Schlägt der Schwanz?

Die entspannte Katze nimmt Leckerlis von uns, reibt ihre Stirn an uns, rollt sich auf der Decke oder knetet die Unterlage mit ihren Pfoten (▶ Abb. 6-6).

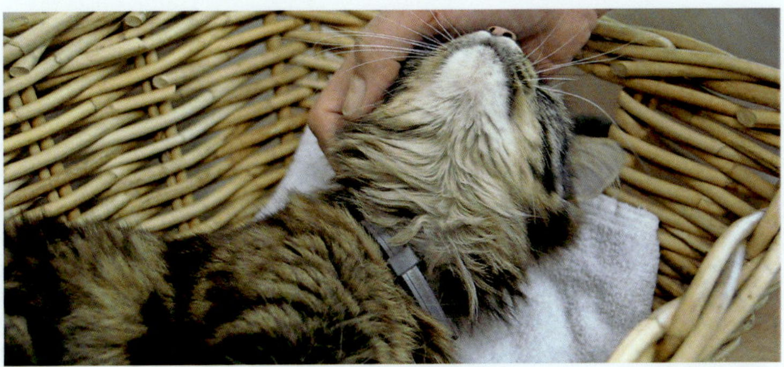

Abb. 6-6 Die Katze rollt sich, d. h. sie fühlt sich wohl.

Mit der Untersuchung einer Katze fängt man, wenn möglich, von hinten an. Nach dem Kennenlernen kommt

- das Durchtasten,
- das Fiebermessen mit viel Gleitgel
- und die Auskultation.

Das alles passiert, während man hinter oder neben der Katze steht. Auch die Inspektion der Maulhöhle ist meist aus dieser Position möglich (▶ Abb. 6-7 bis ▶ Abb. 6-9).

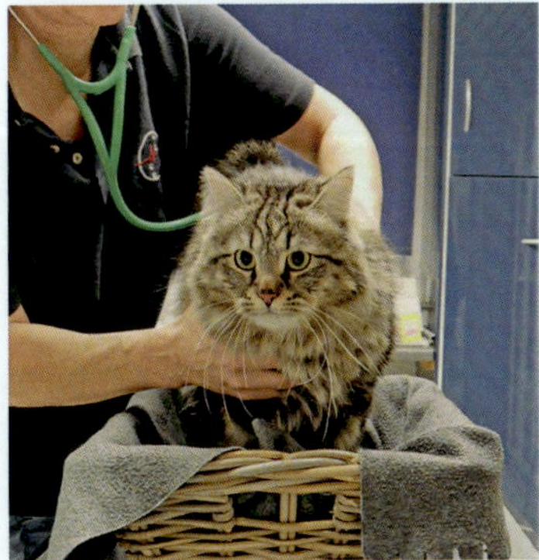

Abb. 6-7 Untersuchung von hinten

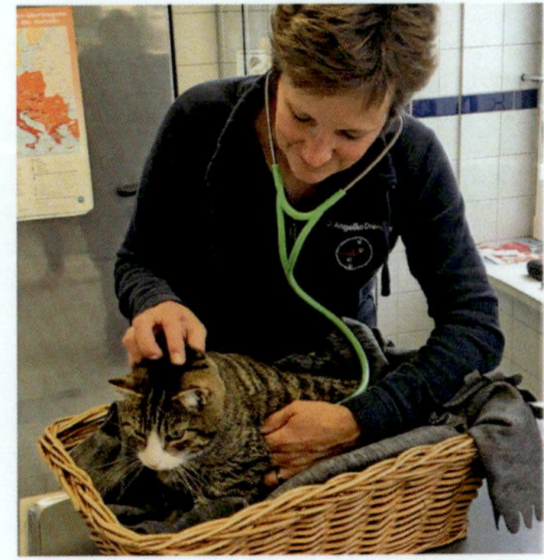

Abb. 6-8 Auskultation von Herz und Lunge

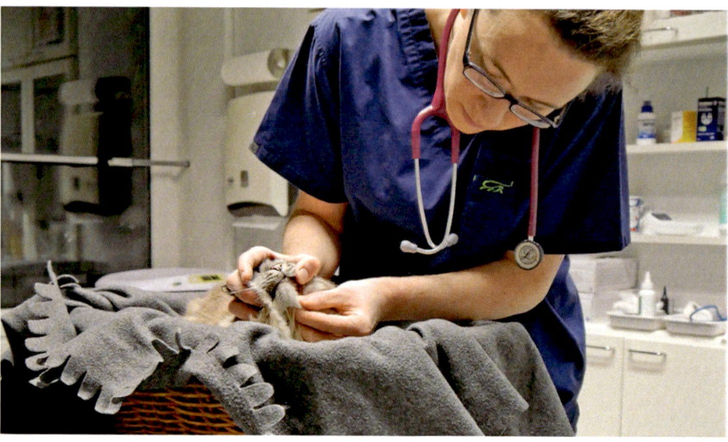

Abb. 6-9 Untersuchung der Zähne von seitlich hinten

Die Untersuchung von vorne, z. B. Augenuntersuchung oder Blutentnahme, erfolgt zuletzt. Alle Bewegungen sollten sanft und fließend sein. Während der Untersuchung kann man mit dem Kätzchen beruhigend reden. Die Stimme sollte dabei gedämpft werden. Sehr hilfreich ist auch das Kraulen der Stirn durch TFA oder Katzenbesitzer (▶ Abb. 6-10). Während der gesamten Untersuchung sollten wir den sanften Kontakt mit der Katze beibehalten. Loslassen und wieder zugreifen erschreckt und verunsichert unsere ängstlichen Patienten unnötig.

BEACHTE

Zischlaute wie „schschsch", die häufig auch von Besitzern „zur Beruhigung" eingesetzt werden, können das Gegenteil bewirken, weil sie falsch verstanden werden. „Hissing", ein zischendes Fauchen, ist die Lautäußerung einer Katze in äußerster Kampfbereitschaft.

Mein Mantra bei der Katzenbehandlung ist **„Ruhe und Geduld".** Dazu gehört auch, dass es möglichst keine Störungen während der Untersuchung und Behandlung gibt. Telefonklingeln, Türenknallen, Mitarbeiter,

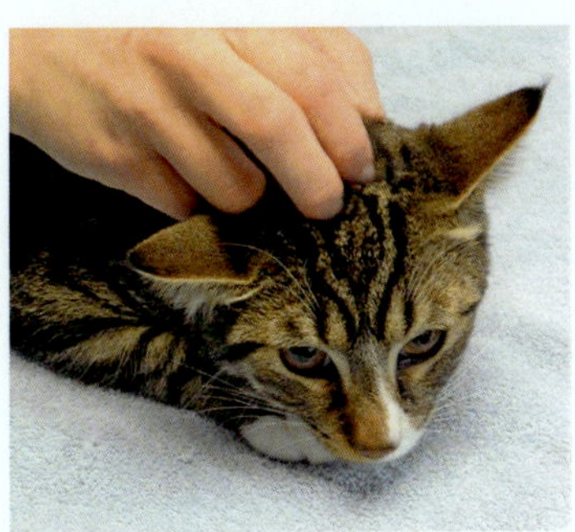

Abb. 6-10 Das Kraulen oder Massieren des Kopfes zwischen den Ohren wirkt beruhigend auf die Katze und lenkt sie von der Untersuchung und Behandlung ab.

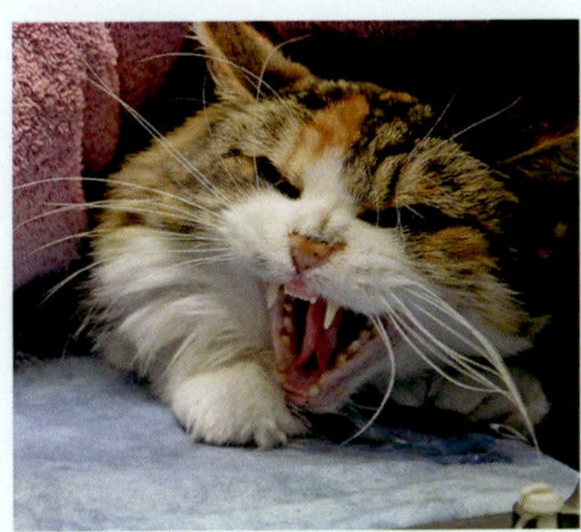

Abb. 6-11 Diese Katze ist trotz unserer Bemühungen nicht zur Zusammenarbeit bereit. Sie empfindet Angst und Stress. Eine Sedierung ist hier die Lösung.

die plötzlich und laut den Raum betreten – so etwas sollte vermieden werden.

Auch im Raum vermeiden wir überflüssige Geräusche, die die Katze verunsichern können. Manchmal ist es das Aufreißen einer Spritzenverpackung, das unseren Patienten in Angst und Alarmbereitschaft versetzt. Schöner ist, wenn die Vorbereitungen zur Behandlung vorher oder außerhalb des Behandlungsraumes passieren.

Wenn trotz all unserer Bemühungen um Stressminimierung die Katze auf dem Tisch in ihrer Angst und Panik bleibt, sollte man mit dem Besitzer über die Möglichkeit einer Sedierung reden (▶ Abb. 6-11).

An dieser Stelle möchte ich einen kurzen Exkurs zu verschiedenen Zwangsmaßnahmen machen, die mir im Laufe meiner Tätigkeit begegnet sind. Sie alle beruhen darauf, die Katze in ihrer Angst zu bestätigen, indem man sie wehrlos, aber nicht bewusstlos macht:

1. Der Zwangskäfig, in dem die Katze mit einem Metallgitter an die Käfigwand gequetscht wird, um ihr eine Injektion geben zu können.
2. Der Sack, in den man eine Katze steckt. Lediglich die Gliedmaße, die man untersuchen will, wird durch ein Loch nach außen gezogen.
3. Der Nackengriff, der angeblich natürlich ist, weil die Mutter ihre Welpen im Nacken greift, um sie zu transportieren.

Abb. 6-12 Poster „Wir sind eine Nackengriff-freie Praxis" (Quelle: ISFM)

4. Und als besondere Variation des Nackengriffes die Clipnosis, in Südeuropa sehr stark vertreten. Dabei werden Klammern oder Clips eingesetzt, um eine Hautfalte im Nacken (analog zum Nackengriff) zu kneifen und zu fixieren. Die Katze erstarrt in Hilflosigkeit, wie sie es täte, wenn sie in den Krallen eines Raubvogels hinge.

Keine dieser Methoden ist geeignet, einer Katze die Angst vor dem Tierarzt zu nehmen. In dieser Weise behandelt, fühlt sie sich hilflos, empfindet Schmerz und Frustration. Die Folge ist, dass sie beim nächsten Tierarztbesuch vielleicht niemanden nahe genug an sich herankommen lässt, um ergriffen zu werden.

Weit verbreitet und in vielen Praxen selbstverständlich ist der Nackengriff. Als natürliche Form der Immobilisierung kann man diesen bei Katzenmutter und Kitten in den ersten Lebensmonaten sehen. Doch schon in diesem Alter kann sich dadurch, dass wir ihn anwenden, eine Angst vor der Situation in der Tierarztpraxis entwickeln. Später, bei

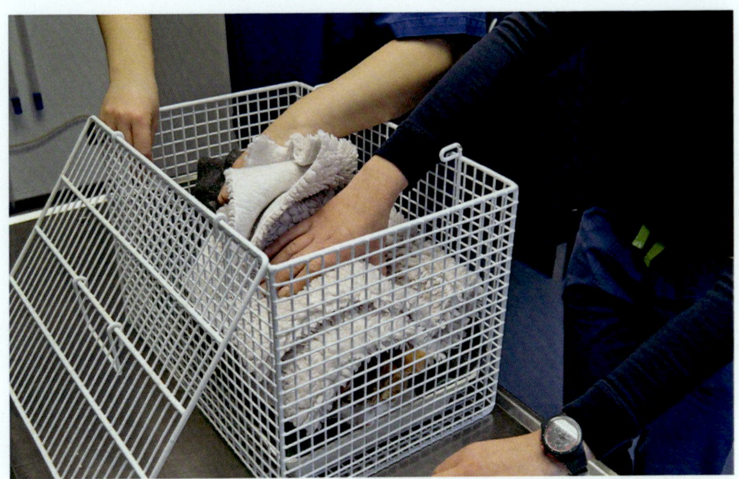

Abb. 6-13 Injektion bei der panischen Katze

der erwachsenen Katze, wird der Nackengriff nicht mehr mit Mutterliebe, sondern mit dem lebensbedrohlichen Griff eines Fressfeindes assoziiert. Dann bedeutet der Nackengriff eine Todesdrohung – nicht unbedingt das, was der Katze den Tierarztbesuch erleichtert. Zu diesem Thema gibt es ein Statement der Internationalen Gesellschaft für Katzenmedizin (ISFM), in dem die Anwendung des Nackengriffes offiziell abgelehnt wird (svg.to/nackengriff).

Dasselbe muss für die Methode der Clipnosis gelten. Leider werden die Clips auch in Deutschland beworben und verkauft.

Anfang 2018 hat die ISFM eine internationale „Scruff-free"-Kampagne begonnen. Dabei ruft sie Praxen in der ganzen Welt dazu auf, sich als „Nackengriff-freie Praxis" einzutragen. (▸ Abb. 6-12)

Ich gebe zu, dass man manchmal kurzfristig Zwang anwenden muss, wenn eine panische Katze sediert werden muss. Doch der Zwangskäfig ist keine Lösung. Die Alternative ist derselbe Käfig ohne Schiebewand. Stattdessen nimmt man mehrere Kuscheldecken, die möglichst ohne großen Druck über der Katze festgehalten werden. Während sie nun vorne abgelenkt wird, kann hinten das Sedativum intramuskulär injiziert werden (graue Kanüle!) (▸ Abb. 6-13).

Abb. 6-14 Wickeltechnik nach Sophia Yin: „Scarf“ (Schal) zur Blutabnahme

Eine mögliche Wirkstoffkombination hierfür ist Medetomidin/ Butorphanol, sehr angenehm, weil die Wirkung schnell eintritt und gut antagonisiert werden kann. Ich habe außerdem das Gefühl, dass die Katzen durch die Nachwirkung des Opioids den Tierarztbesuch in weniger traumatischer Erinnerung behalten.

Zwangsmittel wie der Sack, die lediglich dazu dienen, die Waffen der Katze zu entschärfen, sollten durch eine Sedierung ersetzt werden.

Eine gute Methode, eine Katze sanft zu fixieren und dabei den Schutz vor einem Krallenhieb zu gewährleisten, ist die **Wickeltechnik nach Sophia Yin**. Man benutzt ein Handtuch oder auch die vorhandene Decke und wickelt mit ein bisschen Übung das Kätzchen so ein, dass die zu behandelnde Gliedmaße gut zugänglich ist (▶ Abb. 6-14). Wie die Wickeltechnik durchzuführen ist, zeigt sehr schön dieses Video (svg.to/wickeltechnik).

Eine Schritt-für-Schritt-Anleitung für die „Scarf“-Wickeltechnik zum Ausdrucken finden Sie zusätzlich auch auf tfa-wissen.de unter: svg.to/scarf

Eine Schritt-für-Schritt-Anleitung für die „Burrito“-Wickeltechnik zum Ausdrucken finden Sie auf tfa-wissen.de unter: svg.to/burrito

6.1 Praktische Beispiele

6.1.1 Blutabnahme

Bei der Blutabnahme handelt es sich um eine häufig notwendige, sehr invasive Behandlung. Viele Gesichtspunkte dieser Maßnahme müssen von der Katze als bedrohlich oder unangenehm empfunden werden:

- Zunächst muss sie festgehalten werden und stillhalten.
- Dann nimmt der Tierarzt, der sehr nahe kommt und von vorne, die Vorderpfote in seine Hand.
- Es folgt das Anlegen eines Stauschlauches, das meistens mit dem schmerzhaften Einklemmen von Haaren einhergeht.
- Nach dem Rasieren der Punktionsstelle wird desinfiziert. Dabei gelangt der unangenehme Geruch nach Desinfektionsmittel auch in die empfindliche Nase unseres gestressten Patienten.

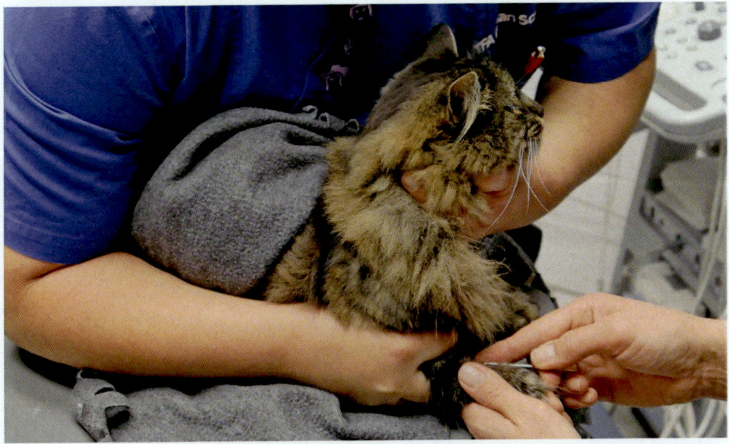

Abb. 6-15 In den Armen der TFA, eingehüllt in die Decke, fühlt die Katze sich geborgen.

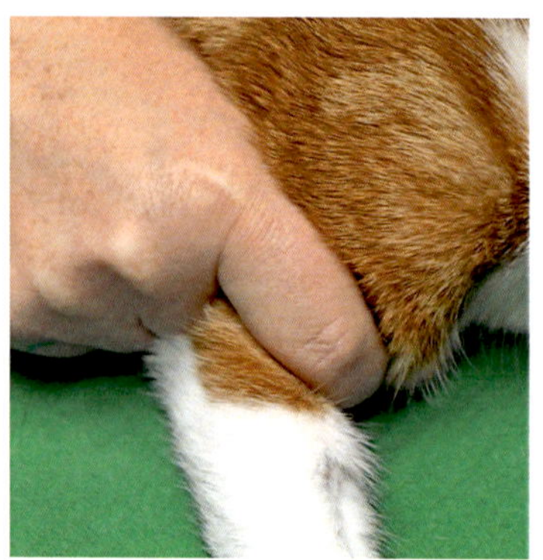

Abb. 6-16 Digitale Stauung

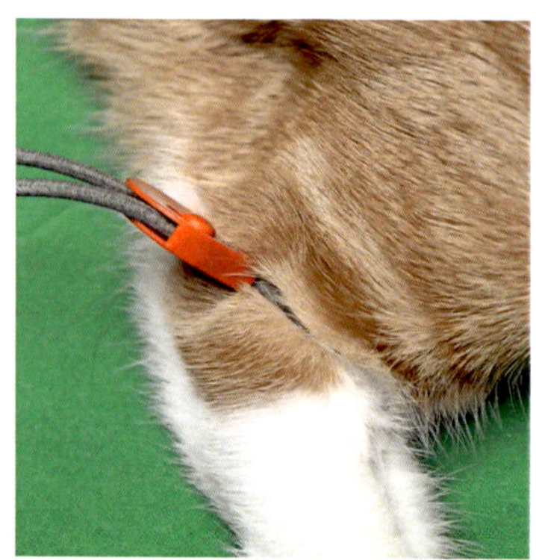

Abb. 6-17 Kleines Stauband für Katzen

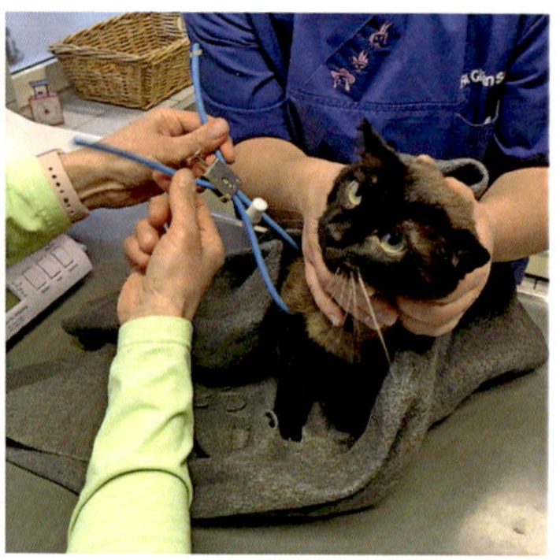

Abb. 6-18 Die Watterolle als Polsterung ...

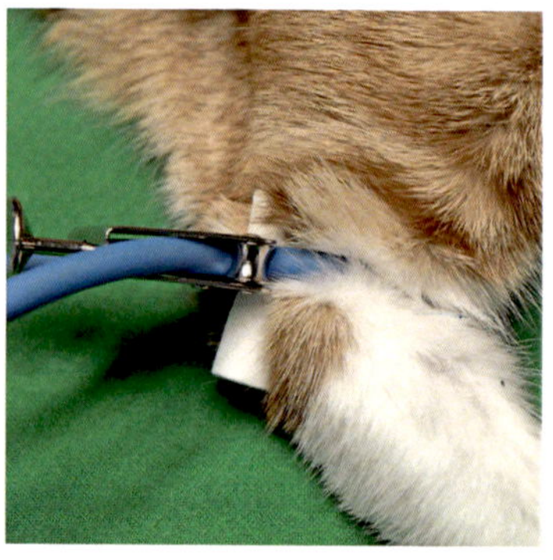

Abb. 6-19 ... minimiert das Einklemmen der Haare.

Der Einstich mit der Kanüle ist zwar unangenehm, aber unvermeidbar. Deshalb sollten wir den Rest der Prozedur so wenig unangenehm wie möglich gestalten.

In die Decke gehüllt, lässt die Katze alles besser über sich ergehen (▶ Abb. 6-15). Die sanfte Massage der Katzenstirn verbessert die Kooperationsbereitschaft. Diese Aufgabe kann man übrigens gut dem Katzenbesitzer übertragen, der ja gerne seine Katze beruhigen möchte.

Die Stauung des Blutgefäßes erfolgt im besten Fall durch den Finger der TFA (▶ Abb. 6-16). Man kann auch kleine dünne Staubänder extra für Katzen benutzen (▶ Abb. 6-17). Weil ich persönlich am liebsten den großen Stauschlauch benutze, habe ich eine andere Möglichkeit gefunden, das Einklemmen der Haare zu verhindern. Zwischen Stauklemme und Ellbogen der Katze lege ich eine kleine Watterolle aus der Zahnmedizin (▶ Abb. 6-18, ▶ Abb. 6-19).

Statt eines lauten, bedrohlich vibrierenden Rasierers kann man die Punktionsstelle mit einem Scherenschlag freilegen und statt mit der Desinfektions-Sprühflasche kann man sie mit einem feuchten Tupfer benetzen. Nun ist die Katze zur Venenpunktion, egal, ob für die Blutprobengewinnung oder zum Anlegen einer Venenverweilkanüle, bestmöglich und schonend vorbereitet.

PRAXISTIPP

Am Ende möchte ich noch einen Tipp geben, der beim Festhalten von Katzen bei jeder Manipulation Geltung hat. Ich erlebe immer wieder, dass „Katzenhalter“, ob nun Besitzer, TFA oder Tierarzt, dazu neigen, den Fixationsdruck zu erhöhen, wenn die fixierte Katze beginnt zu zappeln. Das ist ein natürlicher Reflex, der aber nicht zum Ziel führen kann. Die Katze erlebt den erhöhten Druck als Bedrohung und versucht umso mehr, der Fixierung zu entkommen. Man muss unbedingt sanft reagieren, wenn die gehaltene Katze sich bewegt. Ich nenne die optimale Art des Festhaltens „Begrenzen“.

Eine besondere Bedeutung hat die sanfte Fixierung während der Blutabnahme bei einer Katze mit Schilddrüsenüberfunktion. Diese Katzen haben nicht nur krankheitsbedingt eine niedrigere Stressschwelle, sondern sind häufig auch sehr druckempfindlich im Hals-/Schilddrüsenbereich.

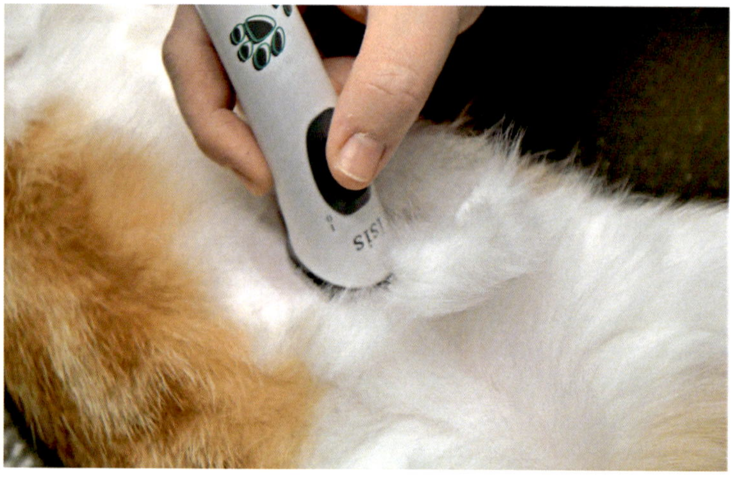

Abb. 6-20 Unsere Spezial-Katzenschermaschine

6.1.2 Röntgen/Ultraschall

Die bildgebende Diagnostik in Form von Röntgen und Ultraschall bietet sanfte Untersuchungsmöglichkeiten, die meistens ohne Sedierung auch bei der Katze möglich sind.

Während das Anfertigen eines Röntgenbildes wenige Sekunden in Anspruch nimmt, brauchen Katze, Untersucher und TFA bei der Ultraschalluntersuchung deutlich mehr Geduld. Sowohl im Röntgenraum als auch auf den Ultraschalltisch nehmen wir die Kuscheldecke mit Pheromonaroma mit, um die Katze einzuhüllen. Die Röntgenaufnahme sollte vorbereitet sein (Einstellung, Ausleuchtung und Schutzkleidung), bevor man den Patienten in den Raum holt. Dasselbe gilt für die Ultraschalluntersuchung. Hier benutzen wir zusätzlich zur Kuscheldecke ein mit Styroporkugeln gefülltes Formkissen, damit die Katze während der Untersuchung bequem gelagert werden kann. Zum Rasieren des Untersuchungsgebietes benutzen wir eine leise, kleine Schermaschine, die sehr sanft zur Haut ist (▶ Abb. 6-20). Die Schermaschine sollte hinter dem Rücken gestartet werden und nicht in unmittelbarer Nähe der Katze, um sie nicht unnötig zu erschrecken.

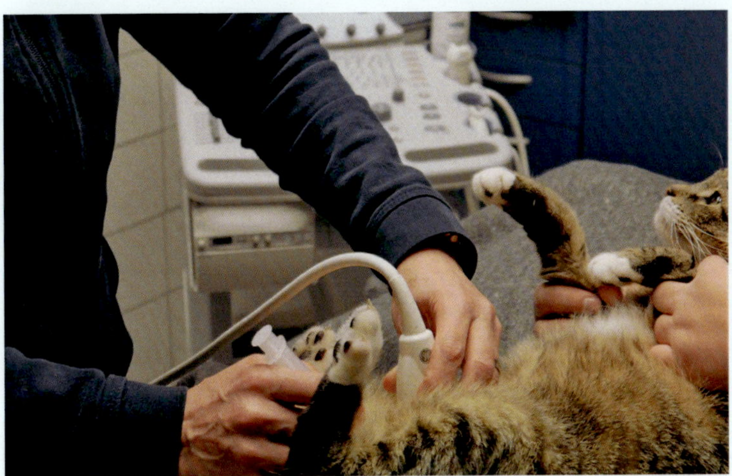

Abb. 6-21 Blasenpunktion unter Ultraschallkontrolle

Die häufigste Anwendung findet unser Ultraschallgerät bei der Uringewinnung. Urinuntersuchungen gehören zu den Routineuntersuchungen in der Katzenpraxis. Glücklicherweise gehört das Ausdrücken der Harnblase inzwischen weitgehend der Vergangenheit an, denn dabei fügte man dem Patienten unnötige Schmerzen zu, riskierte Verletzungen und gewann kontaminierten Urin. Die Punktion der Harnblase als Methode der Wahl ist bei adipösen Patienten erschwert, weil die Harnblase nicht palpiert werden kann. Per Ultraschall kann die Blase dargestellt und unter Sichtkontrolle punktiert werden. Diese Methode ist nahezu schmerzfrei und wird von den meisten unserer Katzenpatienten toleriert (▶ Abb. 6-21).

6.1.3 Blutdruckmessung

Die Blutdruckmessung ist bei der Katze inzwischen zu einem unverzichtbaren Diagnostikum geworden. Einige Krankheiten können mit der Erhöhung des systemischen Blutdruckes einhergehen (z. B. Herzerkrankungen, Nierenerkrankungen, Hyperthyreose). Der Bluthochdruck führt an Organen zu Schäden, die meistens irreversibel sind. So kann er unter anderem das Herz, die Nieren und das Gehirn schädigen oder zu Blutungen ins Auge und zu Netzhautablösungen führen. Deshalb ist es sehr wichtig, auch bei äußerlich gesunden Katzen ab dem achten Lebensjahr regelmäßig den Blutdruck zu kontrollieren. Je früher die Erkrankung festgestellt wird, desto größer ist die Chance für die Katze, ohne Endorganschäden weiterzuleben (▶ Tab. 6-1).

Tab. 6-1 Einschätzung des Bluthochdruckrisikos des American College of Veterinary Internal Medicine (ACVIM)

Systolischer Blutdruck in mmHg	Risiko für Endorganschäden
unter 160	minimal
160 bis 169	mäßig
170 bis 179	mittel
über 180	hoch

Wir benutzen zur Blutdruckmessung bei der Katze bevorzugt die **Dopplertechnik**, weil diese Messtechnik weniger anfällig für Zitterartefakte ist als die **HDO-Technologie** (High Definition Oscillometry). Während bei der Dopplertechnik das Fließen der Blutzellen detektiert und in ein hörbares Geräusch gewandelt wird, werden bei der Oszillometrie die von den Pulswellen generierten Wandschwingungen analysiert und auf dem Bildschirm dargestellt.

Die Messung am Schwanz wird von den Katzen relativ gut toleriert und hat sich bei uns durchgesetzt. Doch wie überall gilt auch hier: Die geübte und im Team eingespielte Methode ist die beste. Die Vorgehensweise bei einer Doppler- bzw. HDO-Blutdruckmessung sehen Sie in diesen Videos (🔗 svg.to/doppler-blutdruckmessung und 🔗 svg.to/hdo-blutdruckmessung).

Um realistische Ergebnisse bei der Blutdruckmessung zu erzielen, muss die Katze möglichst unter optimalen katzenfreundlichen Bedingungen untersucht werden. Wichtig ist die Zeit, die wir der Katze zur Eingewöhnung in die Situation geben. Katze und Besitzer sollten vor der Messung bereits zehn bis 15 Minuten in dem Raum sein, in dem die Untersuchung stattfindet. Wenn die Katze möchte, kann sie ihren Korb verlassen und den Raum erkunden. Zur Blutdruckmessung wird sie dann in das Unterteil ihres Katzenkorbes oder in den praxiseigenen Weidenkorb gesetzt und in die Decke eingekuschelt. Stirnstreicheln trägt zur Stressminimierung bei.

BEACHTE

Die Blutdruckmessung sollte bereits vorbereitet sein, d. h. das Equipment (▶ Abb. 6-22) sollte aufgebaut bereit liegen. Ein Tipp, der auch an anderer Stelle Stress vermeidet, ist, die Vorbereitungen nicht in unmittelbarer Nähe der Katze zu treffen. Dazu gehört auch das Auspacken von Spritzen und Kanülen, denn das mit Geräuschen verbundene Aufreißen der Verpackungen kann in der angespannten Situation zur Verstärkung von Angst und Stress führen.

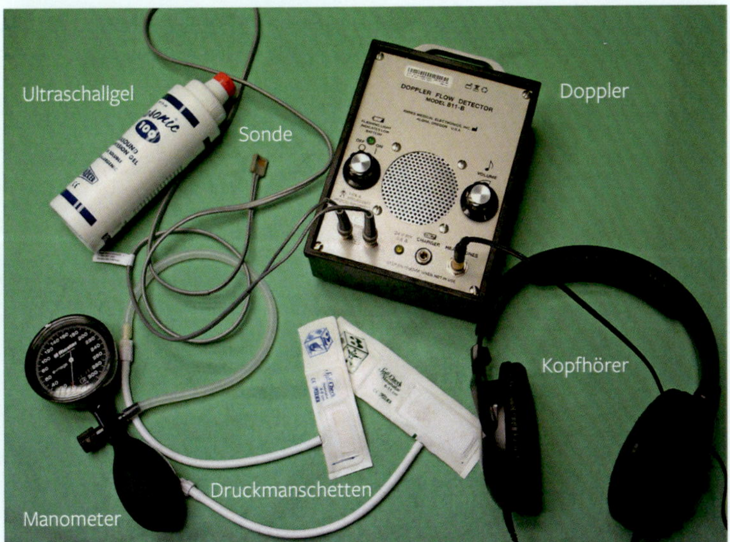

Abb. 6-22 Die Ausrüstung für die Doppler-Blutdruckmessung

Abb. 6-23 Die Blutdruckmessung mit Kopfhörern, die Katze sitzt beinahe entspannt im Korb unter der Decke.

Der nächste Schritt ist die Ermittlung der Manschettengröße. Dazu wird der Umfang der Gliedmaße (Vorderbein oder Schwanz) mit einem Maßband gemessen. Die Manschettenbreite sollte 30 bis 40 % des gemessenen Wertes betragen (z. B. Schwanzumfang 9 cm → Manschettenbreite 3 cm). Dann wird die Manschette angelegt.

Wieder geben wir der Katze Zeit, sich an die Manipulation zu gewöhnen. Mit der kleinen Isis-Schermaschine (▸ Abb. 6-20) wird distal der Manschette über dem zu messenden Gefäß eine kleine Fläche rasiert (5 x 5 mm) und mit Kontaktgel eingeschmiert. Nun suchen wir mit der Sonde in der linken Hand den Puls, während wir mit der rechten Hand das Manometer bereithalten.

Die Blutdruckmessung mittels Doppler bei der Katze muss immer mit Kopfhörern erfolgen, denn die entstehenden Geräusche sind teilweise schmerzhaft laut und für die Katze ebenso unbegreiflich wie beängstigend (▸ Abb. 6-23). Haben wir das Geräusch des Pulsschlages gefunden, pumpen wir die Manschette auf, bis das Geräusch verschwunden ist und lassen dann den Druck langsam ab. An dem Punkt, an dem der Blutfluss wieder deutlich zu hören ist, lesen wir am Manometer den systolischen Blutdruck in mmHg (Millimeter Quecksilbersäule – die Einheit für Druck) ab.

Abschließend lassen wir die Luft völlig entweichen, bevor wir die nächste Messung beginnen. Wenn möglich sollten sieben Messungen vorgenommen werden, von denen der höchste und der niedrigste Wert verworfen werden. Das Ergebnis der Untersuchung ist der Mittelwert der verbleibenden fünf Werte.

PRAXISTIPP

Wenn die Messung Werte über 150 mmHg ergibt, möchte ich ausschließen, dass die Blutdruckerhöhung auf Angst oder Stress zurückzuführen ist (**White-Coat-Effect**). Das tue ich, indem ich den Behandlungsraum für 15 Minuten verlasse. Währenddessen darf der Besitzer die Katze streicheln und beruhigend mit ihr sprechen. Die Manschette belasse ich während dieser Zeit mit geringer Luftfüllung (30 mmHg) am Schwanz, damit die Katze sich daran gewöhnen kann. Bei erneuter Messung nach dieser Zeit sind die Werte meist zuverlässiger.
Diese Prozedur erübrigt sich bei Messwerten über 200 mmHg, weil Patienten mit einem so hohen Blutdruck ohne Frage krank sind und behandelt werden müssen.

Abhängig von den Ergebnissen der Blutdruckuntersuchung muss ein Plan zur weiteren Vorgehensweise für den Patienten und die Besitzer gemacht werden (▶ Abb. 6-24). Sind dringend weitere Untersuchungen erforderlich wie Blutuntersuchung, Herzultraschall oder Augenuntersuchungen? Ist eine Behandlung angezeigt? Oder sind die Werte so niedrig, dass nur ein Termin zur nächsten Kontrolle gemacht werden sollte?

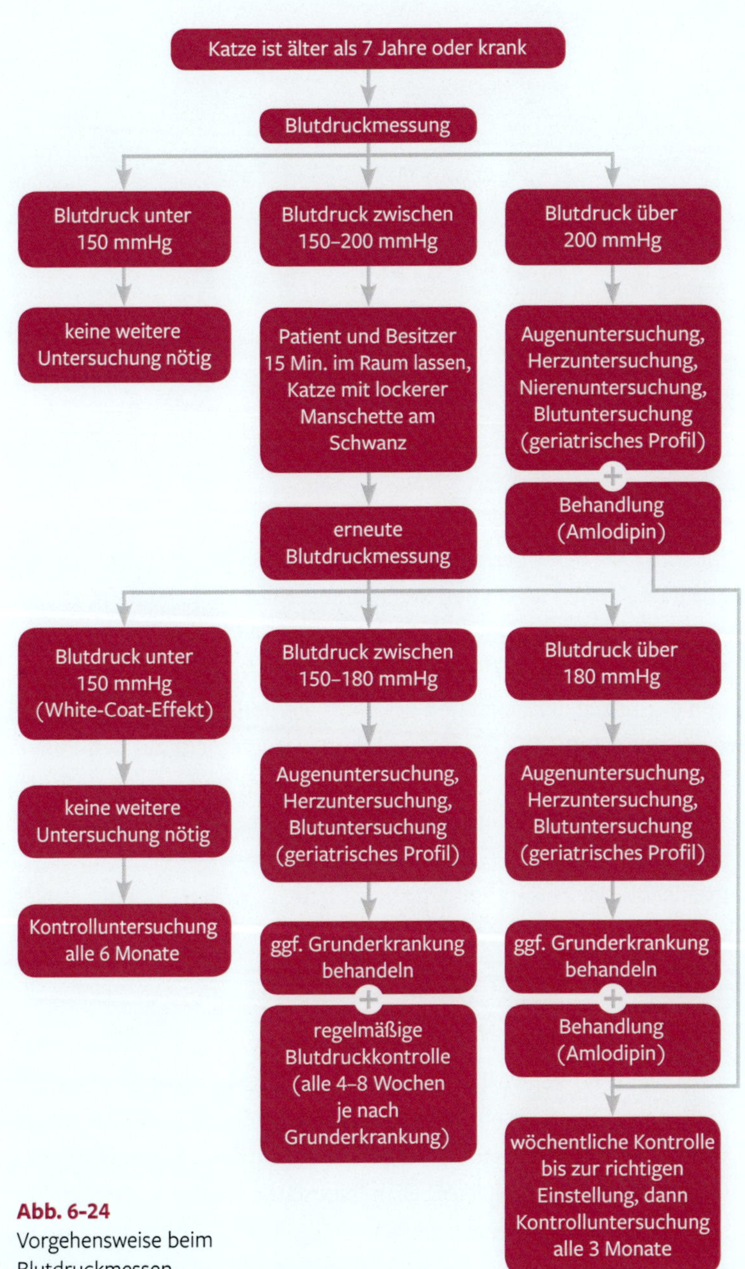

Abb. 6-24
Vorgehensweise beim Blutdruckmessen

7 Vor, während und nach der Operation

Vor und nach den Operationen sollten dieselben Regeln im Umgang mit der Katze gelten wie in den Behandlungsräumen. Gerade im Zusammenhang mit Narkosen und chirurgischen Eingriffen ist eine Stressminimierung sehr wichtig. Dadurch kann das Narkoserisiko verringert und der Erfolg der Operation gesichert werden.

Wir erinnern uns: Die Katzenkörbe werden nicht auf den Fußboden, sondern auf erhöhte Plätze gestellt. Hunde und Katzen sind nicht zusammen in einem Raum. Sie werden mit Ruhe, Umsicht und Respekt behandelt. Es ist nicht schwierig, die Prinzipien der katzenfreundlichen Praxis, die wir bereits kennengelernt haben (▶ Kap. 4), auf den Rest der Praxis zu übertragen.

7.1 OP-Vorbereitung

Auch während der Vorbereitung für eine Operation sollte die Katze nicht neben einem Hund sitzen müssen. Sogar die Anwesenheit anderer fremder Katzen kann deutlichen Stress verursachen. Es bietet sich deshalb an, die Katzen im Katzenbehandlungsraum zu untersuchen. Hierbei sollte bei Katzen ab dem achten Lebensjahr eine Blutdruckmessung nicht vergessen werden. Im Behandlungsraum kann auch das Medikament für die Prämedikation/Sedation injiziert werden. Sobald die Katze schläft, kann man sie den Raum bringen, in dem die OP-Patienten für die Operation vorbereitet, z. B. intubiert und rasiert, werden. Wenn sie hier noch warten muss, sollte sie in einer Box mit Wärmebett liegen, die ringsum blickdicht zugehängt ist. Ein großes Handtuch genügt, aber die Decke mit dem Pheromonspray, die sie an der Anmeldung bekommen hat, ist wirkungsvoller.

7.1.1 Intubation

Bei der Intubation ist es üblich, die Zunge aus dem geöffneten Maul vor und nach unten zu ziehen, um einen besseren Blick in den Rachen zu haben. Hierbei ist bei der Katze daran zu denken, dass die Unterkiefereckzähne nadelscharfe Spitzen haben. Zieht man die Zunge darüber, entstehen Verletzungen, die auch nach der Narkose noch Schmerz bereiten. Deshalb sollte man sich bemühen, zwischen Eckzahn und Zunge einen Finger als Polster zu platzieren (▶ Abb. 7-1). Schnell wird man merken, wie schmerzhaft die Caninusspitze in die Haut drücken kann.

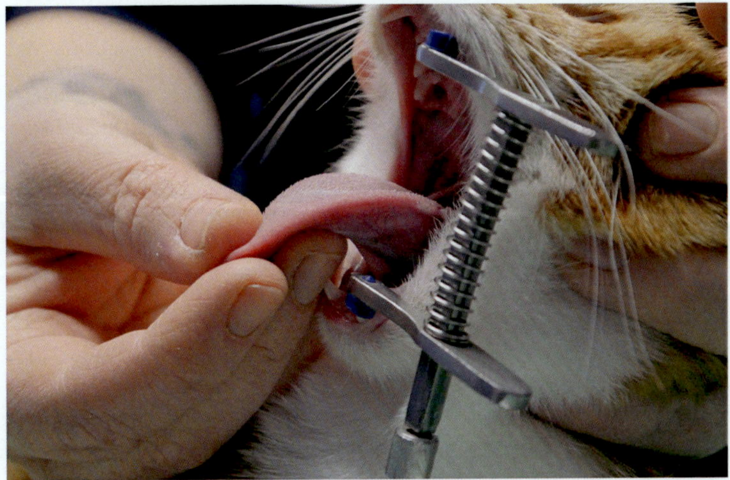

Abb. 7-1 Mit dem Finger unter der Katzenzunge kann das schmerzhafte Einspießen der Unterkiefercanini verhindert werden.

Die bei der Katze eingesetzten Tuben haben ein sehr enges Lumen. Man sollte deshalb den größtmöglichen Tubus wählen. Um die Intubation zu vereinfachen, benutzt man ein Lokalanästhetikum-Spray. Dieses wird auf den Kehlkopf gesprüht, bevor der Tubus geschoben wird. Hierbei ist wichtig, dass ein Sprühstoß völlig ausreichend ist und bereits zweimaliges Sprühen zu lebensbedrohlichen Komplikationen führen kann. Die Dauer bis zum Wirkungseintritt ist allerdings deutlich länger, als man es sich wünscht in der Hektik des OP-Alltages. Versucht man, den Tubus sofort nach dem Sprühen in die Luftröhre zu schieben, schließt sich der Kehlkopf reflektorisch. Nach einigen Fehlversuchen kommt es zur Ödematisierung/Schwellung des Kehlkopfes, was die Intubation hochgradig erschwert oder gar unmöglich macht. Die optimale betäubende Wirkung am Kehlkopf hat man nach 60 Sekunden. Dann ist die Intubation auch mit dem größtmöglichen Tubus gut durchführbar.

BEACHTE

Checkliste für das Schieben eines Tubus

- Zunge nicht direkt über Eckzahn ziehen
- Tubus so groß wie möglich wählen
- Betäubungsspray anwenden
- nur ein Sprühstoß
- 60 Sekunden abwarten

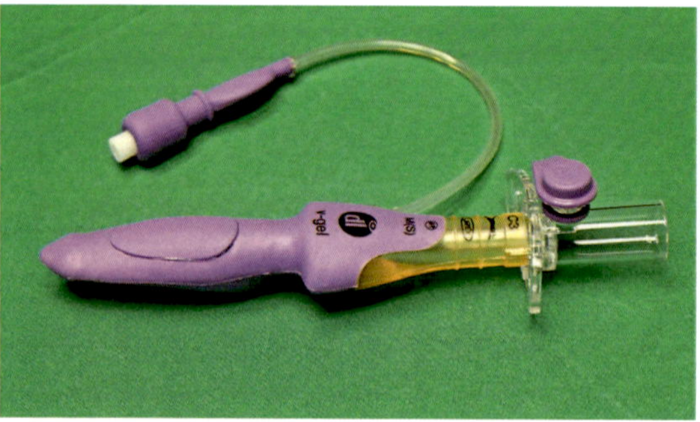

Abb. 7-2 Die Kehlkopfmaske V-Gel® als Alternative zum herkömmlichen Tubus

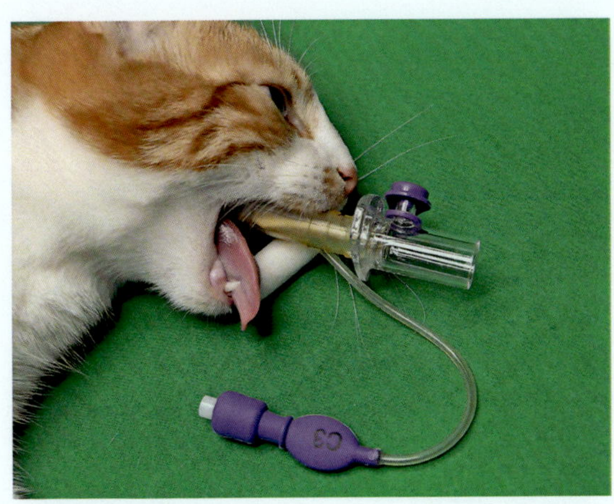

Abb. 7-3 V-Gel® lässt sich leicht einführen, hat einen sicheren Sitz und einen Anschluss für die Kapnographie.

7.1.2 Kehlkopfmaske

Eine Alternative zum klassischen Tubus stellt die neue Kehlkopfmaske für Katzen dar (▸ Abb. 7-2, ▸ Abb. 7-3). Es gibt sie in zwei Größen. Sie ist einfach einzusetzen, hat einen Anschluss für die Messung des Kohlendioxidgehaltes der Ausatemluft und kann im Autoklaven sterilisiert werden. Mit dem Einsatz dieser Maske (V-Gel®) wird durch ein großes Lumen der Widerstand für die Atmung verringert. Weiterhin werden der Totraum verkleinert und Reizungen der Trachea durch den Tubus verhindert.

Die Anwendung der V-Gel®-Maske ist in diesem Video gut demonstriert: svg.to/v-gel

7.2 Operation

Obwohl man sich während einer Operation oder Zahnbehandlung unter Vollnarkose keine Gedanken über die Stressminimierung bei der Katze machen muss, gibt es auch hier einige Dinge zu beachten, die bei kleinen Patienten (auch kleinen Hunden) wichtig sind.

Wir dürfen nicht vergessen, dass die Temperaturregulierung beim narkotisierten Patienten sehr viel schlechter funktioniert und gerade

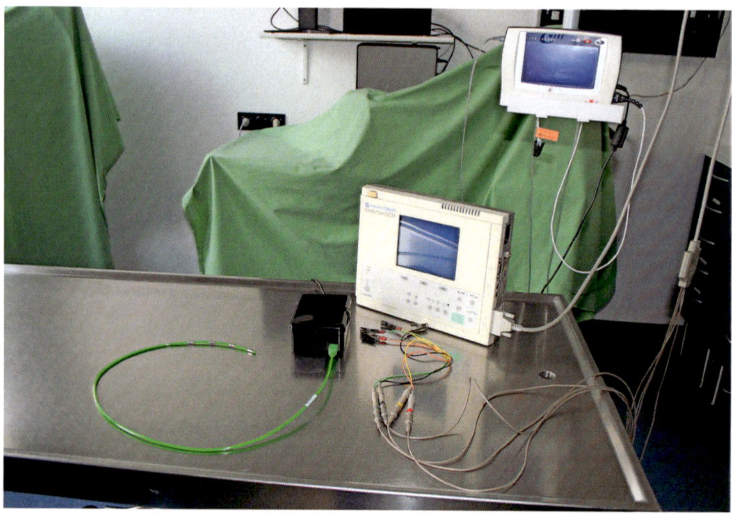

Abb. 7-4 Die Ösophagus-EKG-Sonde

bei leichten Patienten wie Katzen die Gefahr der Unterkühlung besteht. Hält man die Körpertemperatur konstant bei mindestens 38 °C, ist die Narkose sicherer und die Aufwachphase schneller. Eine **Wärmematte mit Temperaturregler** ist geeignet, den Patienten während der Narkose und in der Aufwachphase warm zu halten.

Um eine lückenlose Überwachung unserer Narkosepatienten sicherzustellen, führen wir während der Narkose ein Protokoll, in dem alle relevanten Daten festgehalten werden. Dieses hilft uns, an alles zu denken, den zeitlichen Verlauf im Auge zu behalten und bei einem personellen Wechsel in der Narkoseüberwachung die Übergabe zu erleichtern. Nebenbei ist die Dokumentation der Narkosedaten Teil der Qualitätssicherung, die heute durch die Berufsordnungen für Tierärzte gefordert wird und einem forensischen Zusammenhang sehr hilfreich ist.

Im **Narkoseprotokoll** sollte neben der regelmäßigen Puls- und Atemfrequenzkontrolle bei längeren Narkosen auch die Körpertemperatur festgehalten werden. Die apparative Narkoseüberwachung ist bei Katzen unerlässlich. In den Anforderungen der „Catfriendly Clinic Goldstandard“ ist sogar das in Deutschland noch nicht sehr verbreitete

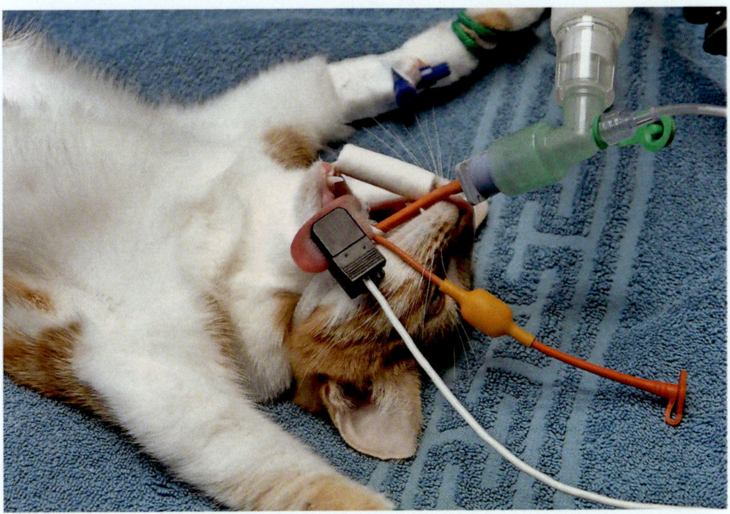

Abb. 7-5 Hier sind Sensoren für die Überwachung der Sauerstoffsättigung, Atemfrequenz, Herzfrequenz, Atemtiefe und des Kohlendioxidgehalts in der Ausatemluft angeschlossen.

Ösophagus-EKG gefordert. Es handelt sich dabei um eine Sonde, die in die Speiseröhre geschoben wird, auf Höhe des Herzens ihre Messpunkte hat und mit einer Box verbunden ist, die Anschlüsse für die üblichen Elektrodenkabel des EKGs enthält (▶ Abb. 7-4). Weitere Messwerte für die Narkoseüberwachung sind Herzfrequenz, Atemfrequenz, Sauerstoffsättigung, Kohlendioxidgehalt der Ausatemluft und das Narkosestadium (▶ Abb. 7-5). Je kleiner der Patient ist oder je älter, desto wichtiger ist die Überwachung. Eine besondere Bedeutung hat die Überwachung der Narkose bei Patienten mit Erkrankungen, die das Narkoserisiko erhöhen. So sollte man bei einer Katze mit Hypertonie eine Blutdruckmessung auch während der Narkose und in der Aufwachphase erwägen.

Ein Beispiel für ein Narkoseprotokoll, das Sie als Vorlage nutzen und an die Bedürfnisse in Ihrer Praxis anpassen können, finden Sie auf tfa-wissen.de unter: svg.to/narkoseprotokoll

Sehr wichtig ist außerdem, bei kleinen Patienten einen möglichst geringen Totraum im Beatmungskreislauf zu haben. Der Totraum ist das Atemvolumen, das sich zwischen Lunge und der Aufgabelung des Beatmungsschlauches befindet. Dort findet keine Auffüllung mit frischem Sauerstoff statt. Deshalb müssen Katzen grundsätzlich mit einem kleinlumigen Atemschlauch an das Narkosegerät oder mit einem Spezialschlauch aus der Pädiatrie, der ein Schlauch-im-Schlauch-System darstellt (▶ Abb. 7-6), angeschlossen werden. Bei den meisten Narkoseüberwachungsgeräten wird die Sonde zwischen Tubus und Atemschlauch gesteckt und vergrößert den Totraum. Hier liegt der Vorteil der Kehlkopfmaske und des Pädiatrieschlauches, die einen Anschluss für die Kohlendioxidmessung haben.

Die zweite Falle in der Beatmung einer Katze während der Inhalationsnarkose ist das Abknicken des Tubus. Die bei Katzen eingesetzten Tuben haben ein sehr kleines Lumen. Starkes Abbiegen oder gar Abknicken machen den Luftfluss unmöglich. Das kann durch die Verwendung von Spiraltuben vermieden werden, oder man muss dafür sorgen, dass der Tubus gerade geführt und gehalten wird. Als Lagerungshilfe können Sandsäcke, Handtuchrollen, ein Stativ für die Veterinärmedizin oder – sehr viel preiswerter – aus dem Fotobedarf dienen (▶ Abb. 7-6).

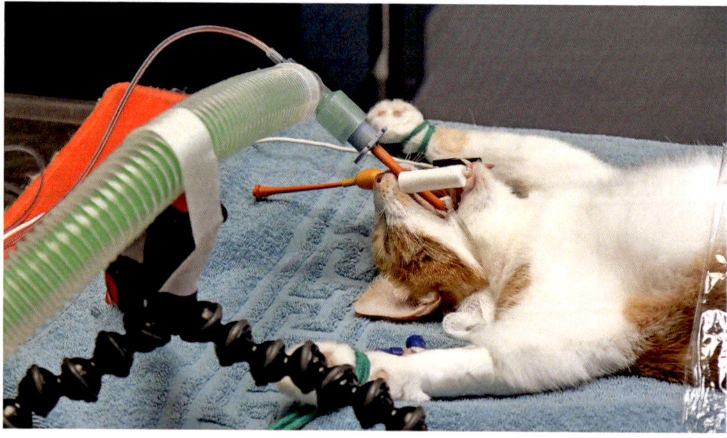

Abb. 7-6 Pädiatrisches Schlauch-im-Schlauch-System, mit einem Stativ fixiert

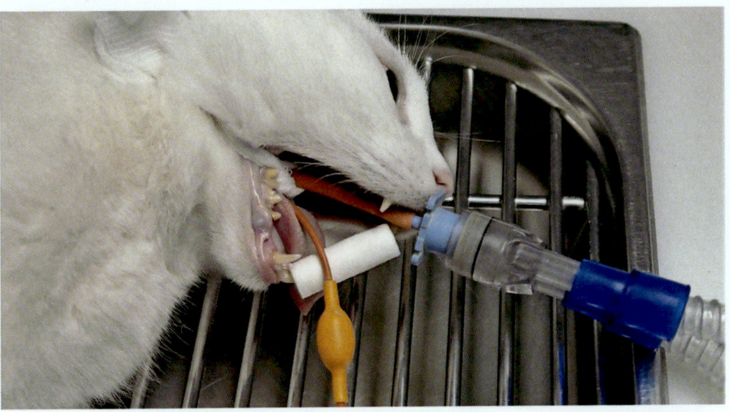

Abb. 7-7 Die ideale Lagerung: Watterolle zur Maulöffnung und gerade verlaufender Tubus

Da die engen Tuben durch Feuchtigkeit oder Schleim schnell verstopfen, sollte grundsätzlich eine Möglichkeit zum Absaugen unmittelbar verfügbar sein. Hierfür kann eine dünne Ernährungssonde steril verpackt bereitliegen.

Meistens werden zur Maulöffnung Maulspreizer mit Feder genutzt. Diese sollten nicht zu lange zwischen den Canini belassen werden, denn es kann durch die extreme Öffnung des Kiefers zum Druck auf ein Gefäß im Kieferwinkel und als Folge zu Durchblutungsstörungen kommen. Einige Fälle von postoperativer Blindheit könnten darauf zurückzuführen sein. Gerade bei langen Prozeduren wie umfangreichen Zahnoperationen sollte das Kiefergelenk nicht maximal gespreizt sein. Idealerweise stellt man die Öffnung mit einer Watterolle sicher. Diese kann ausgetauscht werden, sobald sie durchnässt ist und die Form verliert (▶ Abb. 7-7).

7.3 Aufwachphase

60 % der Narkosezwischenfälle mit tödlichem Ausgang passieren in der Aufwachphase. Deshalb muss in dieser Zeit einerseits die Überwachung solange wie notwendig fortgeführt werden, anderseits sollte die Katze auch hier so stressarm wie möglich behandelt werden.

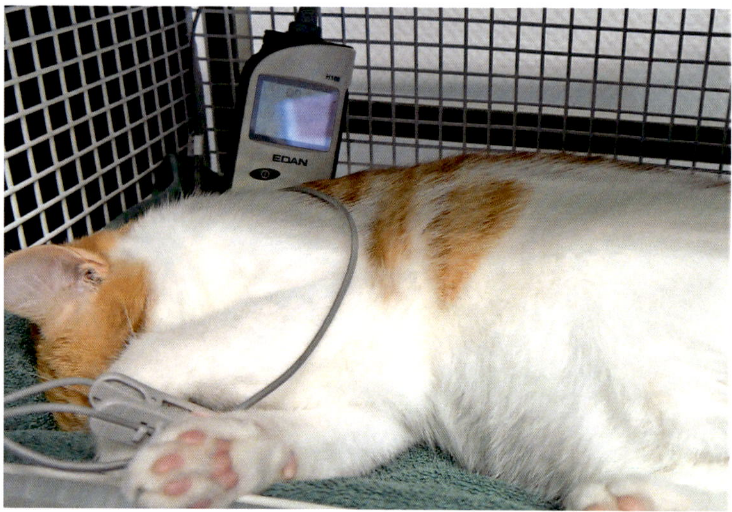

Abb. 7-8 Es empfiehlt sich, Herzfrequenz und Sauerstoffsättigung des aufwachenden Patienten mit einem Sensor an der Pfote zu kontrollieren.

Wichtig sind die regelmäßige Temperaturkontrolle und die Sicherstellung einer Körpertemperatur über 38 °C. Nach einer Zahnsanierung sollten Katzen gründlich getrocknet werden, um nicht auszukühlen. Nach dem Extubieren müssen auch Atmung und Puls weiter kontrolliert werden, bis die Katze wach ist.

Nun ist das vorrangige Ziel, die Katze entspannt wach werden zu lassen. Dazu kann die Box wieder mit einem Tuch oder einer Decke abgedeckt sein. Nach vorne hält man eine kleine Öffnung frei, die die Beobachtung des Patienten ermöglicht (▶ Abb. 7-8).

Während der Aufwachphase sollten Katzen und Hunde streng getrennt sein. Ein schreiend oder bellend aus der Narkose aufwachender Hund sollte keiner Katze im Halbschlaf zugemutet werden. Auch Katzen, die unruhig aufwachen oder trotz aller Bemühungen um Stressminimierung aggressiv reagieren, schreien oder knurren, müssen in einem anderen Raum untergebracht werden. Eine „hysterische“ Katze kann die gesamte Station anstecken und dazu führen, dass auch die nettesten Katzen sich nicht mehr behandeln lassen.

7.4 Schmerzvermeidung vor, während und nach der Operation

Wie wir schon wissen, kann Schmerz einen erheblichen Stressfaktor darstellen. Nicht nur deshalb ist es eine Hauptforderung an Tierärzte, TFAs und Tierbesitzer, unseren Patienten keine vermeidbaren Schmerzen zuzumuten. Im Zusammenhang mit einer Operation oder Zahnbehandlung **beginnt die Schmerzprophylaxe mit einer geeigneten Prämedikation**. Da die Inhalationsnarkose keine schmerzmindernde Wirkung hat, sollten schmerzstillende Medikamente bereits vor der Operation appliziert werden. Verschiedene Wirkstoffe sind geeignet (▸ Tab. 7-1).

Ob NSAIDs oder Opioide eingesetzt werden, entscheiden wir in Abhängigkeit von der Art der Operation und der zu erwartenden Schmerzintensität. Opioide schalten den Schmerz zentral aus und verhindern ein Schmerzgedächtnis. Butorphanol kann i. v. gegeben werden, hat einen schnellen Wirkeintritt (15 Minuten) und eine relativ kurze Wirkung (bis zu einer Stunde), für kurze Eingriffe wie Kastrationen oder Zahnsanierungen ohne Extraktion ausreichend.

Wenn die Operation länger dauert oder bei der Untersuchung nach Reinigung der Zähne die Extraktion eines oder mehrerer Zähne beschlossen wird, kann Buprenorphin i. m. gegeben werden. Der Wirkeintritt ist langsamer, doch die Wirkung deutlich länger, in der ersten Gabe zwei bis vier Stunden. Buprenorphin kann später nach Bedarf nachdosiert werden. Mehr dazu im nächsten Kapitel (▸ Kap. 8.3).

Tab. 7-1 Schmerzausschaltung bei der Katze (modifiziert nach ITIS: Empfehlungen für die Schmerztherapie bei Kleintieren www.i-tis.de)

Substanz	Dosis (mg/kg KM)	Wirkdauer	Hinweise
Butorphanol	0,2–0,4 i. v. 0,2–0,4 i. m.	1–3 h 2–6 h	• perioperativ • mittelgradiger Schmerz • kurze Wirkdauer
Buprenorphin	0,005–0,02 i. v. 0,005–0,04 i. m.	3–4 h 4–12 h	• perioperativ • mittelgradiger Schmerz • langsamer Wirkungseintritt
Fentanyl	intraoperativ: 0,01–0,03/h i. v. postoperativ: 0,001–0,004/h i. v.	0,3–0,5 h	• perioperativ • hochgradiger Schmerz • nur als Dauertropfinfusion • individuelle Wirkung, deshalb häufige Kontrolle (Schmerzscore) • keine Vet-Zulassung
Meloxicam	perioperativ: 0,2 s. c. initial Dauerbehandlung: 0,05 oral	bis zu 24 h	• geeignet als Prämedikation bei orthopädischen und Weichteil-Operationen • geeignet zur Langzeittherapie chronischer Schmerzen (z. B. Arthrose)
Carprofen	4,0 i. v., s. c.	24 h	• perioperativ • zur einmaligen Applikation zugelassen
Robenacoxib	2,0 s. c.	24 h	• Schmerzen im Zusammenhang mit Weichteiloperationen • Anwendung maximal 6 Tage

▶▶

Tab. 7-1 Schmerzausschaltung bei der Katze (modifiziert nach ITIS: Empfehlungen für die Schmerztherapie bei Kleintieren www.i-tis.de)

Substanz	Dosis (mg/kg KM)	Wirk-dauer	Hinweise
Tolfenamin-säure	4,0 i. m., s. c., p. o.	24 h	• akute Schübe chronischer Erkrankungen (Arthrose) • Anwendung maximal 3 Tage • nur zur Fiebersenkung zugelassen
Metamizol	20,0–30,0 langsam i. v., i. m., s. c., p. o.	6 h	• perioperative und abdominale Schmerzen • gute somatische und viszerale Analgesie • längere Anwendung vermeiden • Die Veterinärformulierung führt bei manchen Katzen zu vorübergehendem Speichelfluss.
Ketamin	zur Anästhesie: 0,1–5,0 i. v.; 5,0–10,0 i. m., s. c.	4–6 h	• kleinere operative Kurzeingriffe und schmerzhafte Behandlungen • intraoperativ auch als Dauertropfinfusion • führt zu Katalepsie, bei schmerzhaften Operationen im viszeralen Bereich sollte Kombination mit anderen Analgetika erfolgen

8 Stationäre Unterbringung und Betreuung

Die stationäre Betreuung von Katzen ist eine besondere Herausforderung an Tierärzte und TFAs, denn meistens sind die Patienten in der Station einer Praxis oder Klinik aus medizinischen Gründen untergebracht, d. h. sie sind krank und haben Schmerzen. Das Ziel der stationären Behandlung ist eine Besserung des Zustandes, im Idealfall die völlige Gesundung. Dieses Ziel ist nicht zu erreichen, wenn zu viele Stressoren auf die Katze einwirken. Deshalb ist Stressminimierung auch hier eine der Hauptaufgaben.

8.1 Einrichtung

Wie überall in der katzenfreundlichen Praxis sind auch hier Katzen und Hunde streng zu trennen. In der idealen Katzenstation befinden sich alle Boxen an einer Wand in Brusthöhe. Dadurch wird verhindert, dass die Patienten Sichtkontakt zueinander haben. Das Material moderner Boxensysteme ist häufig Edelstahl, nicht die beste Wahl. Die reflektierenden Oberflächen der Wände fördern Angst und Stress bei den samtpfötigen Insassen. Besser geeignet sind beschichtete Verbundstoffe oder Kunststoffoberflächen. Hat man Edelstahlboxen, so sollte man die Seitenwände verkleiden, z. B. mit Stoff oder Zellstoff abkleben.

Die Box für eine längere Unterbringung (über 24 Stunden) sollte mindestens einen halben Quadratmeter Grundfläche besitzen. Sie muss groß genug für ein Katzenklo, einen bequemen Liegeplatz und einen Platz für Futter- und Wassernapf sein, wobei die Näpfe möglichst nicht neben dem Klo stehen sollten. Ideal sind Boxen, die über Möglichkeiten für eine Höhle und einen erhöhten Liegeplatz verfügen. Es gibt inzwischen Käfigsysteme, die ein Regalbrett integrieren, um der Katze einen erhöhten Liegeplatz zu bieten. Aber auch mit einfachen Mitteln lässt sich schnell eine katzenfreundliche Box gestalten: Man nehme einen großen Klappkäfig, stelle ihn auf einen Tisch und verkleide ihn mit Tüchern oder Decken. Die Inneneinrichtung besteht aus einem Katzenklo, einigen Kuscheldecken und dem Weidenkorb aus dem Behandlungsraum (▶ Abb. 8-1 bis ▶ Abb. 8-5).

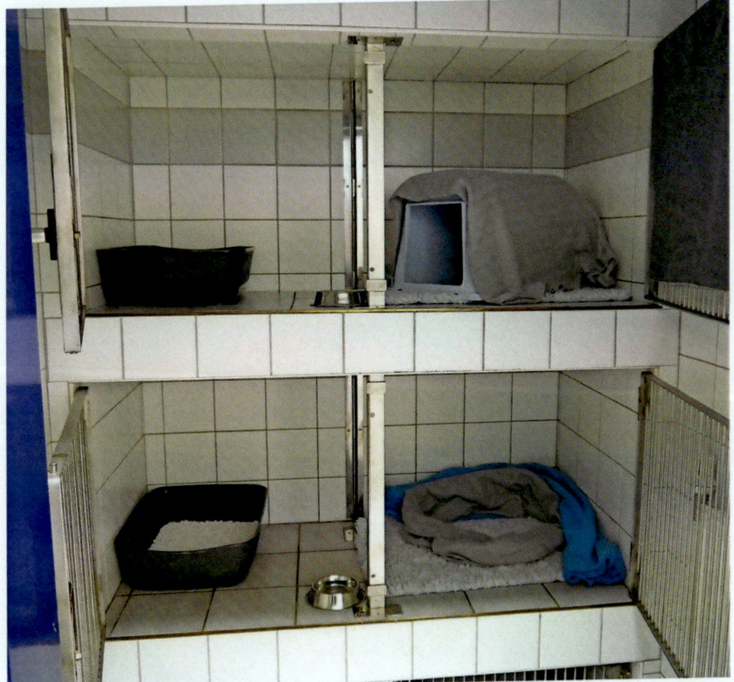

Abb. 8-1 Zwei gemauerte Boxen übereinander

Abb. 8-2 Die ideale Käfiganlage aus nicht reflektierendem, leicht zu reinigendem Kunststoff; der Schließmechanismus ist durch Kunststoffrollen gedämpft; die Boxen sind unterschiedlich groß.

Abb. 8-3 „Katzenklodeckel“ als Versteck

Abb. 8-4 Auch als erhöhter Liegeplatz ist dieser Deckel gut geeignet.

Abb. 8-5 Ein Weidenkorb ist ein bei Katzen sehr beliebter Einrichtungsgegenstand.

PRAXISTIPP

In Zoogeschäften werden Katzenklos mit Deckeln angeboten und von Besitzern gekauft. Diese Klos sind aber nicht katzengerecht, weil die Katze während des Kot- oder Urinabsatzes nicht schamhaft ist, sondern gerne die Gegend beobachtet, um Gefahren kommen zu sehen. Sehr praktisch sind die Deckel aber in der Katzenbox, denn sie bieten eine Höhle und einen erhöhten Sitzplatz. Eine Alternative bietet ein Tritt aus Kunststoff, den man mit einer Decke verkleidet.

Viele Boxensysteme haben Edelstahlgittertüren, je teurer umso schwerer. Diese Türen bergen die Gefahr, sehr laut beim Schließen zu sein. Hier sollte eine geräuschdämpfende Polsterung vorgenommen werden. Außerdem sollte die Möglichkeit bestehen, die Türen mit einer Decke als Sichtschutz zuzuhängen.

In gut erreichbarer Nähe der Boxen sollte ein Behandlungstisch mit einer Waage stehen, damit die stationären Patienten zur Untersuchung nicht weite Wege durch die Praxis/Klinik transportiert werden müssen.

Zur Einrichtung einer Katzenstation gehört ebenfalls eine **ausreichende Anzahl an Infusionspumpen**, denn bei kleinen Patienten wie Katzen darf man keine Infusion ohne Infusomaten vornehmen. Zu groß ist die Gefahr der Überinfusion und der Entstehung eines Lungenödems. Empfehlenswert sind auch Geräte, die die Infusionsflüssigkeit anwärmen (▸ Abb. 8-6).

Für Katzen, die mit akuter Dyspnoe vorgestellt werden, kann eine Sauerstoffbox lebensrettend sein. Auch hier gibt es verschiedene Möglichkeiten: die eingebaute geschlossene O_2-Unit im Boxensystem und die einfache zum Zusammenklappen (▸ Abb. 8-7, ▸ Abb. 8-8).

Zu den Anforderungen an eine „Catfriendly Clinic“ gehört unverzichtbar eine **Isolierstation** für Katzen. Katzen mit Infektionskrankheiten (Katzenseuche, Katzenschnupfen, FIV, FeLV) müssen von anderen

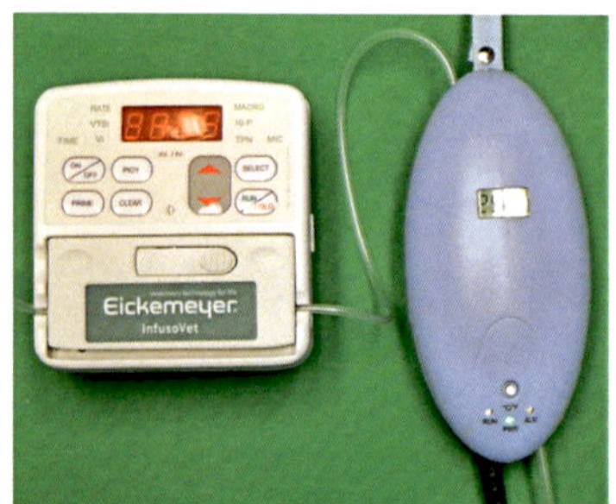

Abb. 8-6 Infusomat und Infusionswärmer

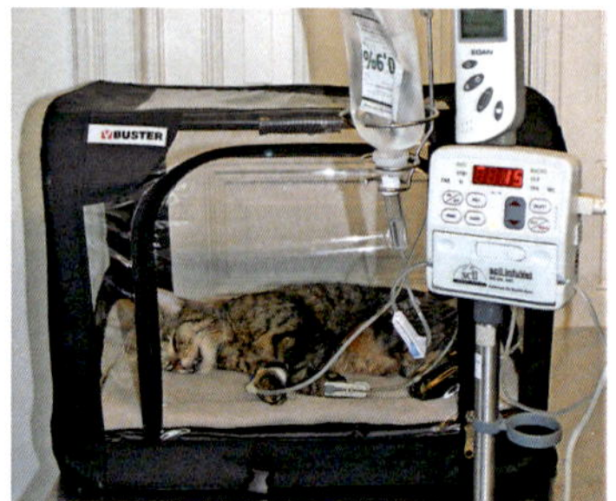

Abb. 8-8 Die Sauerstoffbox, auch als Intensiv-Care-Einheit nutzbar

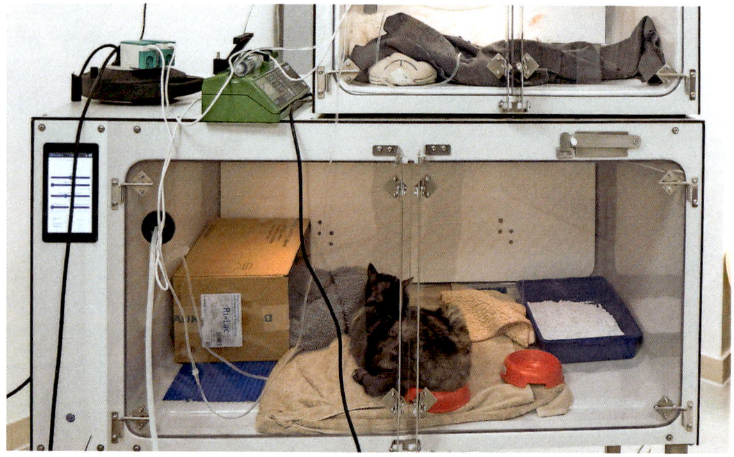

Abb. 8-7 Über einen Schlauch wird in diese Box Sauerstoff eingeleitet.

Katzen räumlich getrennt untergebracht werden. Für die Einrichtung einer solchen Isolierstation in Bezug auf Boxengröße und Einrichtung gilt das oben Beschriebene gleichermaßen.

8.2 Soft Skills

Gerade bei der stationären Betreuung von kranken Katzen sind die Soft Skills das A und O. Ohne die TFA ist eine katzengerechte stationäre Versorgung kaum denkbar. Ein besonderes Glück für die samtpfötigen

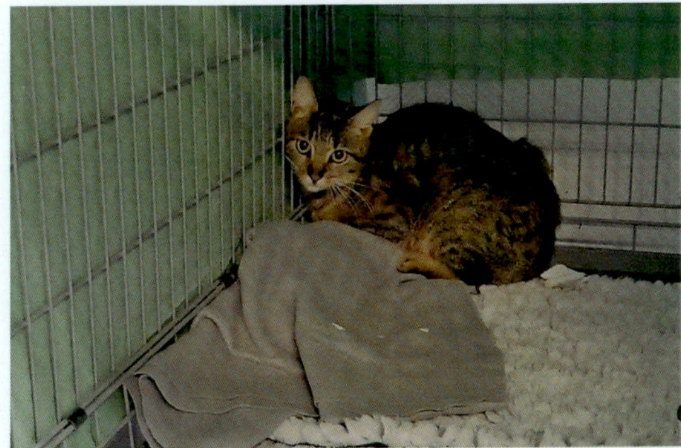

Abb. 8-9 Katzenmenschen sehen, dass diese Katze unglücklich ist.

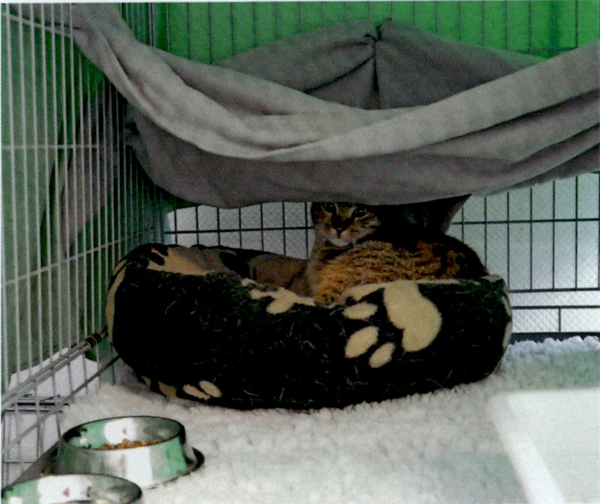

Abb. 8-10 Mit einem Baldachin als „Schutz“ fühlt sie sich viel besser. Hier sieht man übrigens, dass auch einfache Faltboxen, mit Decken verkleidet, in der Katzenstation gute Dienste leisten.

Patienten ist es, wenn es sich bei der oder dem TFA um einen echten Katzenmenschen handelt – jemanden, der sich in die Katze hineinversetzt und ihren Schmerz und ihren Stress mitempfindet (▶ Abb. 8-9 bis ▶ Abb. 8-12).

In der Katzenstation sollte es immer leise und ruhig zugehen – trotz der Hektik des Praxisalltages. Auch hier gilt es, laute oder hysterische Patienten zu isolieren, damit die anderen nicht angesteckt werden. Hilfreich ist immer, die Boxen komplett mit Tüchern oder Decken zuzuhängen und auf eine der Decken einen Sprühstoß Feliway® Clas-

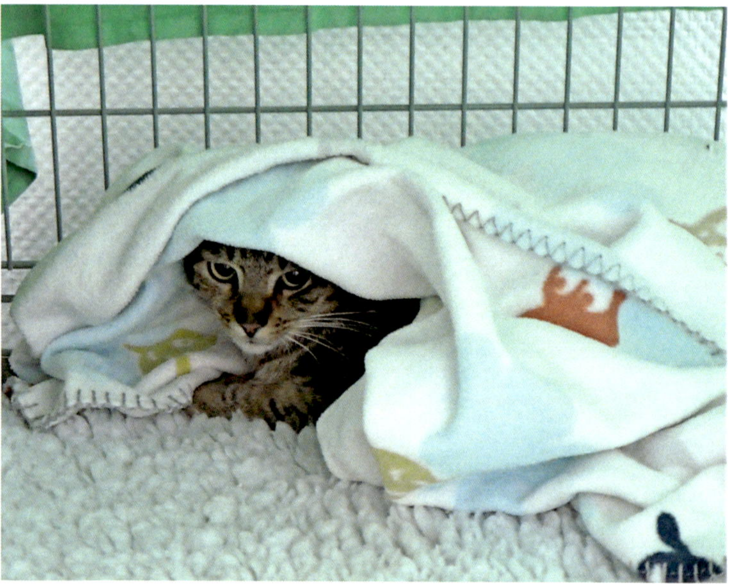

Abb. 8-11 Eine Decke als Versteck bietet viele Möglichkeiten.

sic aufzubringen. Auch Feliway® Classic Verdampfer in der Steckdose der Katzenstation kann das Raumklima für die Katzen sehr verbessern. Seit einiger Zeit gibt es sogar „Katzenmusik", die, leise abgespielt, das Wohlbefinden der Katzen erhöhen und das Stresslevel senken soll. Kolleginnen, die es ausprobiert haben, waren begeistert. Leise Radiomusik ist eine gute Alternative, um andere angsteinflößende Geräusche vor den Ohren der Katze zu maskieren.

Katzen lieben es kuschelig. Weiche Decken sind in der Box unverzichtbar ebenso wie Wärmequellen für die Patienten, die krank und schmerzhaft sind oder ihre Körpertemperatur nicht halten können. Die Wohlfühltemperatur der Katze liegt über 27 °C. Deshalb sind regulierbare Wärmematten oder Wärmelampen ein gutes Mittel, das Wohlbefinden des Patienten Katze zu verbessern. Aber Vorsicht: Beides zusammen kann zu Wärmestau führen. Wärmematten müssen regelmäßig kontrolliert werden. Zwischen Matte und Katze muss immer ein

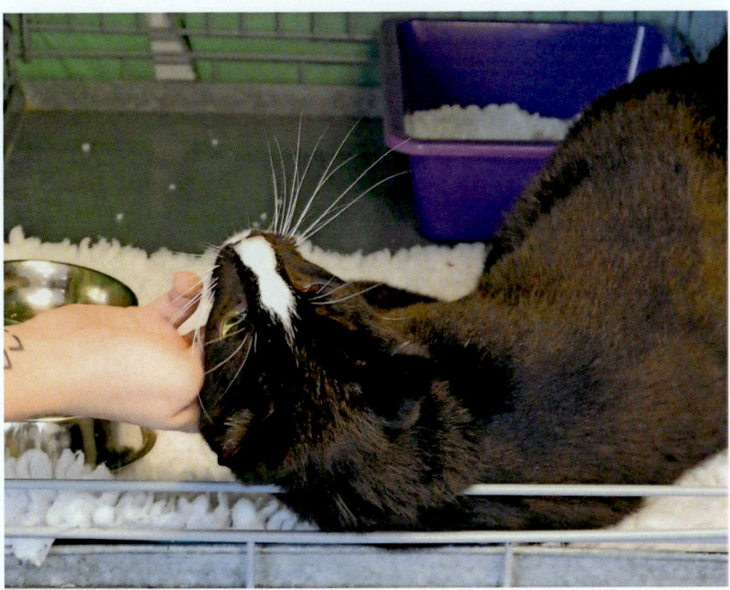

Abb. 8-12 Der Traum für jede Katze, die stationär aufgenommen wird, ist ein Katzenmensch, der so schön kraulen kann.

trockenes Handtuch oder eine Decke liegen, da sonst die Gefahr der Verbrennung besteht. Die Körpertemperatur der stationär aufgenommenen Katze muss kontrolliert werden.

BEACHTE

Katzen mit Wärmelampe oder Wärmematte dürfen nicht alleine gelassen werden. Die Kontrolle der Wärmequelle und der Körpertemperatur des Patienten ist in kurzen Abständen vorzunehmen.

Nicht nur, wenn sie unter einer Wärmelampe liegen, müssen die Patienten regelmäßig kontrolliert werden. Je nach Krankheitsbild sollte ein Untersuchungsplan erstellt werden, z. B. bei fiebernden Patienten Temperaturmessung mehrmals täglich oder bei einer Katze in der diabetischen Krise regelmäßige Blutzuckermessung. Der Untersuchungsplan und der Behandlungsplan können in ein Stationsprotokoll integriert werden. Dieses Stationsprotokoll ist für jeden stationären Patienten anzulegen und während des Aufenthaltes zu führen. Hieran kann sich jeder, der an der Betreuung des Patienten beteiligt ist, orientieren. So wird sichergestellt, dass bei der Katze nicht dreimal hintereinander Temperatur gemessen wird und dass die notwendigen Medikamente zur richtigen Zeit verabreicht werden

Ein Beispiel für ein Stationsprotokoll, das Sie als Vorlage nutzen und an die Bedürfnisse in Ihrer Praxis anpassen können, finden Sie auf tfa-wissen.de unter: svg.to/stationsprotokoll

BEACHTE

Diese Daten gehören in das Stationsprotokoll:

- Name/Alter des Patienten, Datum der Aufnahme
- Diagnose
- Therapieplan

Und (mehrmals) täglich zu protokollieren:

- Gewicht
- Temperatur
- Schmerzzeichen
- weitere Untersuchungsergebnisse
- Kot-/Urinabsatz
- Futter-/Wasseraufnahme
- verabreichte Medikamente/Infusionen mit Uhrzeit

Nun das Wichtigste: die Fähigkeit des Katzenmenschen, mit der Katze Kontakt aufzunehmen. Wer sich um stationär aufgenommene kranke Katzen kümmern muss, sollte ein Mindestmaß an Empathie für unsere Samtpfoten mitbringen. **Der Umgang muss ruhig, sanft und zärtlich sein.** Es kommt darauf an, keine hektischen Bewegungen zu machen, laute Geräusche zu vermeiden und sich der Katze sehr vorsichtig zu nähern. Man reicht ihr zuerst die Hand, die im besten Fall beschnuppert und mit der Stirn berührt wird. Dabei redet man leise beruhigend auf sie ein oder macht Katzengeräusche wie „prrrr". Es sollte immer das Ziel während der stationären Behandlung sein, der Katze die Angst vor ihren Pflegern zu nehmen.

Außerdem gilt hier wie an vielen Stellen der katzenfreundlichen Praxis: **„Weniger ist mehr"**. Je häufiger ich eine ängstliche Katze aus ihrer Box herausnehme, um sie zu untersuchen, desto größer ist der Stress, den sie erleidet. Viele Untersuchungen lassen sich vielleicht im Käfig erledigen, z. B. die Blutdruckmessung. Manche Beobachtungen können auch aus der Ferne, z. B. durch Videoüberwachung, gemacht werden, wodurch der Katze ständig sich dem Käfig nähernde Menschen mit starrem Blick erspart bleiben. Wenn dem Patienten Medikamente verabreicht werden müssen, so sollten diese gebündelt, soweit medizinisch vertretbar, und als Injektion, am besten über den Infusionszugang, gegeben werden. Tabletteneingabe ist in diesem Fall ein unnötiger Stressfaktor.

PRAXISTIPP

Drei Tipps noch zur erfolgreichen stationären Versorgung:

1. Eine Besitzerbefragung vor der Patientenaufnahme ist sehr hilfreich. Wir fragen nach der Art des Futters, des Wassers, der Katzenstreu und dem Lieblingsbett. Dann fällt es uns leichter, die geheimen Wünsche unserer Patienten zu erfüllen.
2. Die tagtägliche Reinigung der Box sollte das Wohlbefinden der Katze möglichst wenig beeinträchtigen. Desinfektionsmittel sind möglichst zu vermeiden. Außerdem sollte das Bettzeug nur gewechselt werden, wenn es ernsthaft verschmutzt ist (Kot, Urin, Erbrochenes). Indem wir das Kuschelbett in der Box belassen, erhalten wir unserem Patienten sein vertrautes geruchliches Umfeld und damit ein Stück Geborgenheit.
3. Falls die Katze einen Halskragen tragen muss, sollte ihr Fell von uns gereinigt werden. Blut- und Sekretreste, die z. B. nach einer Operation noch im Fell kleben, belasten das Tier gerade, wenn es nicht in der Lage ist, sich selbst zu pflegen.

8.2.1 Fütterung

Die Katze in der stationären Umgebung verharrt in Angst, solange sie nicht Zutrauen zu ihren Betreuern gefasst hat. Die meisten Katzen in dieser Situation verweigern die Futteraufnahme. Es ist schwer zu unterscheiden, ob die Katze eine krankheitsbedingte Anorexie zeigt oder aus Gründen des Stresses nicht frisst. Da genügt es nicht, einen gefüllten Futternapf in den Käfig zu stellen. Vorher sollte man sich bei den Besitzern nach den Vorlieben der Katze erkundigen: Trockenfutter, Feuchtfutter, Stückchen in Soße? Dann sollte man sich bei der Katze einschmeicheln und sie in eine freundliche Stimmung versetzen. Man kann mit ihr reden oder schnurren, sie auf dem Kopf kraulen oder einfach nur bei ihr sein, an ihr vorbeischauen mit **„Slow Blinks“** (Augen langsam schließen und öffnen).

Manchmal ist es ratsam, ein bisschen Futterbrei auf dem Finger anzubieten oder an das Maul zu schmieren. Häufig fressen Katzen in der Nacht, wenn Ruhe in der Station eingekehrt ist, deshalb sollten am Abend verschiedene Futtersorten in kleinen Mengen frisch in die Box gestellt werden. Katzen haben keine Empfindung für Zucker oder Süßes, dagegen weist ihre Zunge empfindliche Geschmackspapillen auf, die auch geringgradig verdorbenes Futter herausschmecken (▸ Kap. 4.5). Aus diesem Grund nehmen sie ungern Feuchtfutter, das schon einige Stunden im Napf gestanden hat. Allerdings sagt ihnen ihre Nase, wenn ein Futter gut riecht. Der Futtergeruch entfaltet sich besser, wenn es warm gemacht wird, z. B. mit warmem Wasser oder kurz in der Mikrowelle. Wenn man dem Patienten zuerst Flüssigkeit anbieten möchte, können anstatt von Wasser Fischsud oder Geflügelbrühe angeboten werden. Hierbei darf man aber nicht auf Fertigprodukte wie Brühwürfel oder gekörnte Brühe zurückgreifen, denn diese enthalten meistens Zwiebelpulver, das bei Katzen eine Heinzkörper-Anämie (eine Vergiftung, bei der es zur toxischen Zerstörung der roten Blutkörperchen kommt) hervorrufen kann.

Wenn die Katze in der Station trotz aller Bemühungen nicht fressen will, hilft manchmal der Besuch der Besitzer, die auch ein besonders leckeres Schmankerl mitbringen dürfen, mit ihrem Kätzchen schmusen und es mit Glück zum Fressen überreden können.

Bei fortbestehender Anorexie muss man über die Zwangsernährung nachdenken. Die Fütterung mit einer Ernährungsspritze wird von den Katzen, die nicht aus Stress und Angst, sondern wegen ihrer Krankheit (z. B. Pankreatitis) die Nahrungsaufnahme verweigern, häufig sehr gut toleriert. Hierbei nähert man sich der Katze mit der Futterspritze mit sondenfähigem Futterbrei von hinten oder von der Seite, steckt die Spritze seitlich ins Maul und verabreicht wiederholt kleine Mengen (▸ Abb. 8-13). Zwischendurch löst man die Fixierung und lässt abschlucken. Die ganze Prozedur sollte von beruhigenden Worten oder Lauten begleitet werden.

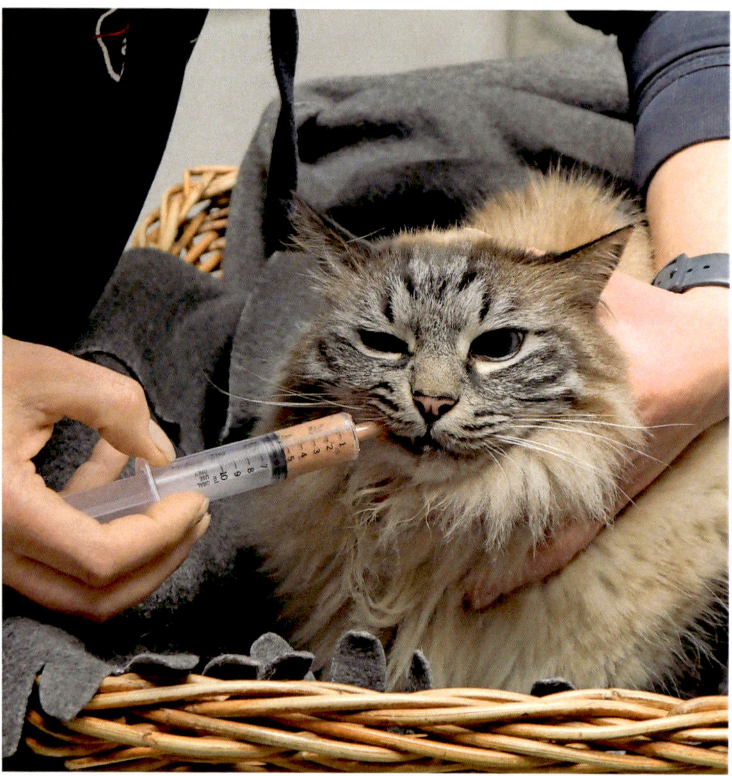

Abb. 8-13 Fütterung mit der Futterspritze

Katzen, die als „Rühr-mich-nicht-An" in der hintersten Ecke der Box sitzen, sind nicht geeignet, zwangsgefüttert zu werden. Bei diesen Patienten ist zu überlegen, ob das Krankheitsbild eine Behandlung zuhause erlaubt, um zu sehen, ob die Futteraufnahme dort besser ist. Erlaubt der Behandlungsplan oder die Schwere der Erkrankung die Entlassung nicht, bleibt nur die Sondenernährung. Allerdings ist zu bedenken, dass das Legen einer Ernährungssonde eine kurze Narkose erfordert. Der Vorteil hierbei ist die dauerhafte Sicherstellung einer problemlosen Futterzufuhr. Auch Besitzer sind meistens sehr schnell in der Lage, die Katze zuhause über eine Ernährungssonde mit Futter zu versorgen, was bei einer sehr ängstlichen Katze sinnvoll ist.

BEACHTE

Katzen, die mit der stationären Unterbringung trotz all unserer Bemühungen nicht zurechtkommen, unglücklich sind und das Futter verweigern, sollten so schnell wie möglich entlassen werden. Ist eine Entlassung aus medizinischen Gründen nicht möglich, bitten wir die Besitzer um häufige Besuche und ermöglichen „Schmusestündchen". Manchmal kann es auch helfen, die Geschwister- oder Partnerkatze, falls vorhanden, ebenfalls stationär aufzunehmen.

8.3 Schmerz und Schmerzerkennung

Schmerz bei einer Katze zu erkennen, ist eine Herausforderung, der wir uns stellen müssen. Die Katzenbesitzer bemerken den Schmerz ihrer Katze (z. B. durch Gelenk- oder Zahnerkrankungen) häufig zu spät. Auch für den Tierarzt, der nur eine Momentaufnahme in der Praxis erlebt, in der sich der Patient aus Angst und Stress der gründlichen Untersuchung weitestgehend verweigert, ist die Schmerzerkennung sehr schwierig.

In der stationären Betreuung ist die Feststellung von Schmerz bei unseren Patienten unerlässlich und kann idealerweise den betreuenden TFAs überlassen werden. Schmerz kommt in unterschiedlichen Qualitäten daher: stechend, pochend, bohrend, dumpf oder brennend. Katzen zeigen ihren Schmerz mit ihrer Körperhaltung, ihrem Verhalten, ihrer Mimik. Je nachdem, wo sich der Schmerz befindet, welcher Qualität und wie stark er ist, sind die Veränderungen unterschiedlich stark. Bei lokalem Schmerz wie an einer OP-Wunde wird die schmerzhafte Stelle oft beleckt oder versteckt. Handelt es sich um größeren, übergreifenden Schmerz wie nach einer Mehrfach-Zahnextraktion, zeigt der betroffene Patient nicht nur Speichelfluss, sondern z. B. Apathie, verringerte Ansprechbarkeit oder Aggressivität. Katzen, die unter einem viszeralen Schmerz leiden (z. B. Pankreatitis), liegen mit angespannter, kauernder Haltung und wirken, als wollten sie sich in sich selbst verkriechen.

Abb. 8-14 Katze mit Schmerzen kurz nach einer Operation

BEACHTE

Schmerzzeichen bei der stationär aufgenommenen Katze

- Rückzug in die hintere Käfigecke
- kauernde Haltung
- Aggressivität, Fauchen, Jaulen bei Berührung
- belecken oder verstecken schmerzender Körperteile
- Anorexie
- Apathie, Somnolenz
- Schmerzgesicht

Je nach Krankheitsbild sollte die Katze in der Krankenstation zwei- bis mehrmals täglich auf Schmerzhaftigkeit untersucht werden. Ein chirurgischer Patient kurz nach einer schmerzhaften Operation muss in kurzen Abständen kontrolliert werden (▶ Abb. 8-14, ▶ Abb. 8-15). Eine gute Hilfe bei der Schmerzbeurteilung ist der **Glasgow Composite Pain Scale** (GCPS) (svg.to/gcps). Mit diesem Fragebogen kann man – mit ein wenig Übung – in wenigen Sekunden anhand von zu

Abb. 8-15 Dieselbe Katze 30 Minuten nach Schmerzmittelgabe

vergebenden Punkten zu allen Aspekten der Schmerzerkennung einen Score für den beobachteten Patienten ermitteln, ohne ihn zu stressen. Beurteilt werden die Körperhaltung, der Gesichtsausdruck und die Reaktionen. Eine kauernde Haltung und zugekniffene Augen lassen auf einen schmerzhaften Zustand schließen, während die entspannte Seitenlage und das interessierte Beobachten der Umgebung eher für einen stress- und schmerzarmen Zustand der Katze spricht.

Die Konsequenz aus der Schmerzbeurteilung ist die Einschätzung, ob und welches schmerzmindernde Medikament eingesetzt wird, um der Katze Leiden zu ersparen.

Die Aussage, Schmerz würde die Katze zur Ruhe zwingen, die sie nach einer Operation brauche, ist heute überholt. Schmerz, auch intra- und postoperativer, ist ein großer Stressor, der der Heilung entgegensteht. Dazu kommt, dass die Patienten ihre schmerzenden OP-Wunden belecken und damit die Wundheilung verhindern. In Folge dessen muss man ihnen einen Halskragen anpassen – ein weiterer Stressfaktor für jede betroffene Katze. In einer Studie wurde bewiesen, dass Katzen, die postoperativ mit Meloxicam versorgt wurden, signifikant seltener Wundheilungsstörungen durch Belecken der OP-Wunde aufwiesen.

BEACHTE

Es muss unser Ziel sein, unsere Patienten während und nach Operationen sowie während der stationären Behandlung schmerzfrei zu halten. Aus diesem Grund überprüfen wir in regelmäßigen Abständen die Schmerzzeichen, z. B. mit Hilfe des GCPS, und setzen bei Bedarf schmerzstillende und/oder entzündungshemmende Medikamente ein.

8.4 Stationäre Unterbringung zur Untersuchung, z. B. Blutzuckertagesprofil

Eine besondere Form der stationären Versorgung ist die Tagesklinik zur Erstellung eines Blutzuckertagesprofils. Dabei wird zur optimalen Einstellung der Insulindosis einer an Diabetes mellitus erkrankten Katze über acht bis zehn Stunden in regelmäßigen Abständen, meistens zweistündig, der Blutzuckerspiegel überprüft. Mithilfe des entstehenden Profils können genaue Aussagen über eine eventuell notwendige Insulindosisanpassung gemacht werden.

Wie sieht das in der Praxis aus? Zuerst wird die Katze stationär aufgenommen, entweder am Abend vorher oder am Morgen des Untersuchungstages. Bei der Aufnahme ist es sehr wichtig, dass alle notwendigen Informationen vom Besitzer abgefragt werden: momentane Insulindosis, letzte Insulingabe, momentane Fütterung, Fütterungszeiten, Trinkverhalten, allgemeines Verhalten aus Besitzersicht. Damit keine Informationen verlorengehen, bietet es sich an, einen **Besitzer-Fragebogen** zu verwenden.

Wir kennen die stressbedingte Hyperglykämie der Katze. Also muss unser oberstes Ziel sein, die betroffenen Patienten stressfrei zu versorgen. Wie das geht, haben wir bereits besprochen. Ganz besonders wichtig bei dieser Aufgabe ist das vorsichtige, liebevolle Handling der Katzen.

Bei Katzen, die trotzdem einen gestressten Eindruck machen und hohe Blutglukosewerte aufweisen, kann parallel der Fruktosaminwert im Blut bestimmt werden, um den Erfolg der Insulintherapie zu beurteilen.

Ein Beispiel für einen Diabetesfragebogen, den Sie als Vorlage nutzen und an die Bedürfnisse in Ihrer Praxis anpassen können, finden Sie auf tfa-wissen.de unter: svg.to/diabetesfragebogen

9 Medikamente und Medikamentengabe

„Katzen sind keine kleinen Hunde" sollte als Merksatz in jeder tierärztlichen Apotheke hängen. Mehr noch als in der Chirurgie, Anästhesie oder Bildgebung sind die Unterschiede zwischen Katzen und Hunden von großer Bedeutung bei der Wahl der Medikamente, Wirkstoffe und Impfstoffe. Einige wichtige Beispiele sollen in diesem Kapitel aufgezeigt werden.

9.1 Impfungen

Es gilt inzwischen als erwiesen, dass Katzen als Reaktion auf manche Impfungen eine Tumorerkrankung entwickeln. Es handelt sich dabei um das Fibrosarkom, das entweder zum Tode führt oder nur mit sehr radikaler chirurgischer Entfernung und eventuell mit einer Chemotherapie zu bekämpfen ist. Der Auslöser hierfür ist Aluminiumhydroxid, ein Hilfsstoff, der manchen Impfstoffen beigemischt ist, um die Impfreaktion auszulösen.

Nicht jeder Impfstoff benötigt dieses Adjuvans (Hilfsstoff). Impfungen mit Totvakzinen (das Virus ist tot, damit kein Risiko entsteht – Tollwut, Leukose), lösen allerdings ohne Adjuvans keine Impfreaktion und damit keine Immunität aus. Ein Dilemma? Nein, denn seit vielen

Jahren gibt es einen Impfstoff, der eine Technologie zur Lösung dieses Problems beinhaltet. Er wird **Vektorvakzine** genannt und funktioniert wie das berühmte trojanische Pferd. Kanarienpockenviren sind für die Katze ungefährlich, sind relativ große kugelförmige Viren und können ohne Probleme unter die Haut gespritzt werden. Diese „Riesenkugeln" werden vom Abwehrsystem der Katze als Feinde erkannt und angegriffen. Die moderne Arzneimittelforschung hat es geschafft, in die „Kugeln" Virusantigen (Viruspartikel) von entweder dem Leukosevirus oder dem Tollwutvirus einzubauen. Beim Angriff auf die modifizierten Pockenviren findet das Abwehrsystem der geimpften Katze nun das Antigen, auf das es reagieren soll – alles ohne Aluminiumhydroxid.

EXKURS

Die StIKo Vet (ständige Impfkommission in der Veterinärmedizin) schreibt in einer Stellungnahme dazu: „Selbst eine sehr gut untersuchte Krankheitsentität, wie z. B. das *feline injection-site associated sarcoma*, bei dem ein Zusammenhang mit lokalen Entzündungsreaktionen nach Injektionen, z. B. von Impfstoffen, nicht unwahrscheinlich ist, tritt nur mit einer Häufigkeit von 0,3 Fällen auf 10.000 verimpfte Impfstoffdosen auf. Die Gefahr, lebensgefährlich zu erkranken, der ein unzureichend geimpftes Tier ausgesetzt ist, ist um ein Vielfaches größer." (Zitat – Quellenangabe: Stellungnahme Antikörpertestung | StIKo Vet am FLI | Stand 19.10.2017)
Damit soll betont werden, dass auf die Impfung zu verzichten keine Lösung ist. Umso wichtiger ist es, auf entzündungsfördernde Adjuvantien zu verzichten, wo es möglich ist.

9.2 Medikamentengabe

Wie oft hören wir: „Nein, Tabletten nimmt unsere Katze nicht. Eingeben klappt auch nicht!" Katzen lassen sich nicht gut beschummeln, wenn es um das Unterschmuggeln von bitteren Medikamenten geht.

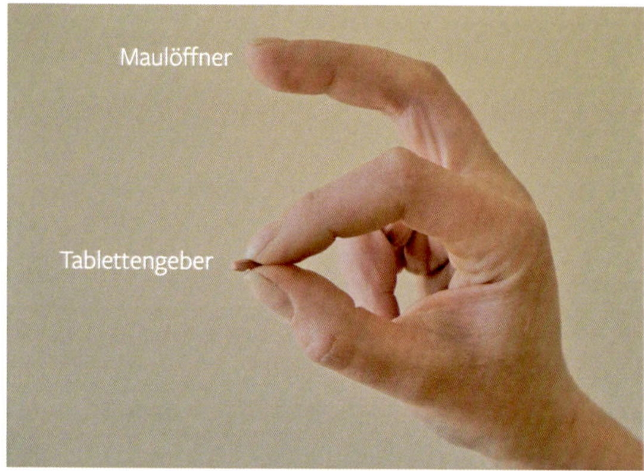

Abb. 9-1 Wir erklären: „Daumen und Zeigefinger dienen als Tablettengeber, der Mittelfinger ist unser Maulöffner."

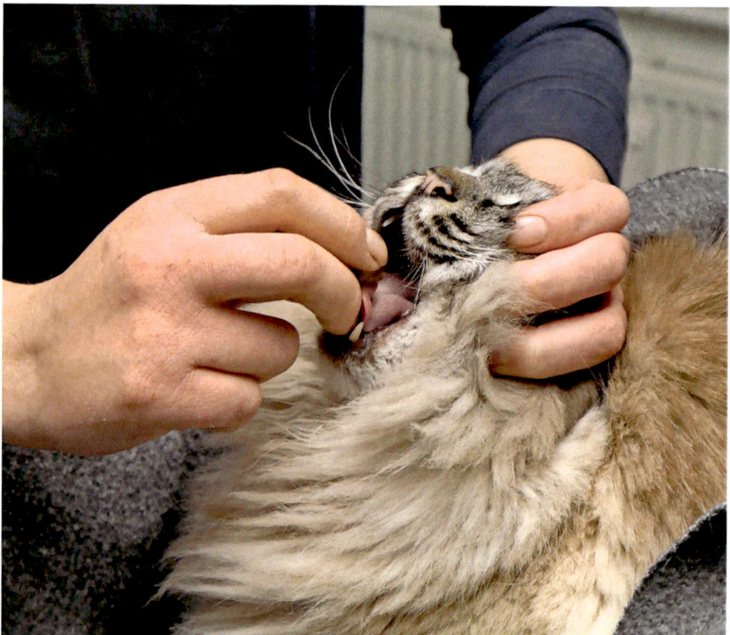

Abb. 9-2 „Der Kopf der Katze liegt in unserer Hand wie ein Tennisball. Wir lassen die Katze nach oben schauen, drücken den Unterkiefer mit unserem Mittelfinger sanft nach unten und legen die Tablette weit hinten auf die Zunge. Abgeschlossen wird der Vorgang mit einem leichten Streicheln des Kehlgangs und der Beobachtung des Abschluckens. Sobald die Katze sich das Maul leckt, ist die Pille auf dem Weg in den Magen."

Deshalb freuen wir uns, wenn die Hersteller es schaffen, ein Katzenmedikament schmackhaft zu verpacken. Tabletten mit Vanillegeschmack sind eine Hilfe. Inzwischen gibt es auch viele Medikamente für Katzen in Sirupform mit Vanille- oder Honigaroma. Obwohl Katzen Zuckersüße nicht schmecken können, bevorzugen sie andere süße Aromen wie Vanille. Flüssige Formulierungen haben zusätzlich den Vorteil, dass sie sehr viel genauer zu dosieren sind, das ist besonders wichtig bei unseren kleinen Patienten. International Catcare (www.icatcare.org) lobt regelmäßig den „Easy to give Award" aus, mit dem Medikamente für Katzen ausgezeichnet werden, die ihnen leicht verabreicht werden können. Obwohl diese Medikamente meistens gut angenommen werden, müssen wir immer noch viel Überzeugungsarbeit beim Katzenbesitzer leisten. Sinnvoll ist dann, die erste Gabe in der Praxis vorzuführen, um zu zeigen, dass das Kätzchen sich nach der Eingabe die Lippen leckt.

Wenn kein Weg an den bitteren Pillen vorbeiführt, muss die Tabletteneingabe gelehrt und geübt werden. Wir sollten die Handgriffe in der Praxis demonstrieren und eventuell vom Katzenbesitzer nachmachen lassen (▸ Abb. 9-1, ▸ Abb. 9-2).

Die orale Medikamentengabe ist nicht die einzige Form der Arzneimittelapplikation. Das Spot-on ist den meisten Besitzern bekannt durch verschiedene in dieser Form zu verabreichende Antiparasitika. Allerdings gibt es auch hierfür häufig einen unterschätzten Erklärungsbedarf: Wie, wann, warum, wohin? Eine Demonstration in der Praxis oder mithilfe eines Videos (svg.to/medikamentengabe) kann die meisten Fragen klären. Dasselbe gilt für die Anwendung von Ohrreinigern und Ohrmedikamenten.

Eine besondere Form der Arzneimittelanwendung ist die Inhalation. Katzen mit z. B. felinem Asthma profitieren von dieser Form der topischen Kortisontherapie, durch die Menge und Nebenwirkungen des Medikamentes geringgehalten werden. Es gibt spezielle Inhalatoren für Katzen auf dem Markt. Allerdings erfordert es eine Menge Katzentraining, damit der Patient die Anwendung nicht mehr als Stress empfindet. In kleinen Schritten und mit viel Belohnung werden zuerst das Gerät und dann die Anwendung kennengelernt. Auch hier können wir den Katzenbesitzer mit Erklärungen, Demonstration, Videos und Merkblättern helfen.

PRAXISTIPP

Anweisungen zur häuslichen Behandlung und Medikamentengabe sollten wir dem Katzenbesitzer grundsätzlich schriftlich und personalisiert mitgeben. Sätze wie „Das kann ich mir merken“ sind nett gemeint, entsprechen aber meist nicht der Realität. Für die Gesundheit der Katze sind wir auf die Compliance des Besitzers angewiesen und diese können wir mit einem Merkblatt meist verbessern. Sehr hilfreich ist auch, den Besitzer in die Planung der weiteren Behandlung mit einzuschließen. Wenn wir seine Zweifel nicht ernstnehmen, wird die Therapie möglicherweise abgebrochen. Eine weitere Hilfe für den Besitzer sind Lernvideos zur Medikamentenanwendung, auf die wir im Merkblatt verweisen können (svg.to/medikamentengabe).

BEACHTE

Ermutigen Sie Ihre Patientenbesitzer, Sie anzurufen, wenn es Probleme mit der Medikamentengabe oder Abweichungen vom erwarteten Krankheitsverlauf und/oder Heilungsprozess gibt. Wenn Sie explizit Zeiten anbieten, in denen Sie besonders gut telefonisch zu erreichen sind, ist die Hemmschwelle geringer und Sie können mit dem Besitzer gemeinsam Lösungen für das Problem erarbeiten.

9.3 Medikamenten(un)verträglichkeit

Auch bei der Auswahl und der Dosierung der Medikamente darf man Hunde und Katzen nicht in einen Topf werfen. Ein Beispiel ist das Antibiotikum Enrofloxacin (Cave: Enrofloxacin unterliegt seit dem 1.3.2018 laut TÄHAV einer Anwendungseinschränkung). Es ist für die Katze zugelassen und wird seit vielen Jahren angewendet. Doch anders als beim Hund gibt es bei der Katze nur eine sehr geringe Dosierungstoleranz. Man sollte die empfohlenen 5 mg/kg nicht überschreiten, um keine Nebenwirkungen (Netzhautschädigung/Erblindung) zu riskieren. Ein anderer sehr häufig bei der Katze angewendeter Wirkstoff ist Meloxicam. Auch dieser ist für die Katze zugelassen. Während beim Hund eine Dosis von 0,1 mg/kg zugelassen ist, die am ersten Tag sogar verdoppelt wird, sollte bei der Katze die Höchstdosierung von 0,05 mg/kg nicht überschritten werden. Von der Verdoppelung der Dosis am ersten Tag rät die ISFM (International Society of Feline Medicine) ab.

Viele Medikamente, die für die Anwendung beim Hund zugelassen sind, können auf die Katze umgewidmet werden. Allerdings sollten gesicherte Informationen über die Verträglichkeit vorliegen. Leider kommt es immer wieder zu Permethrinvergiftungen bei Katzen. Permethrin ist ein Pyrethroid, das in vielen Ektoparasitika für Hunde vorhanden ist. Verschiedene Schmerzmittel (NSAIDs) aus der Humanmedizin wie Paracetamol, Diclofenac und Ibuprofen sind für die Katze toxisch. Ein Medikament zur Behandlung der Epilepsie beim Hund – Bromid – verträgt die Katze nicht, ebenso wenig wie Oclacitinib (Apoquel, Zoetis). Katzen reagieren sehr empfindlich auf ätherische Öle wie Teebaumöl. Medikamente aus der Humanmedizin, an denen sich Katzen vergiften können, sind außerdem Antidepressiva und ADHD-Medikamente.

Zuletzt müssen wir auch mit wohlgemeinten Tipps zur häuslichen Krankenpflege vorsichtig sein. Kann man dem Hundebesitzer empfehlen, er möge seinem Hund mal eine Brühe zubereiten, so muss man beim Katzenbesitzer deutlich betonen, dass die Brühe auf keinen Fall einfach aus einem Brühwürfel oder ähnlichen Fertigpräparaten hergestellt werden darf, weil diese für die Katze unverträgliches Zwiebelpulver enthalten.

10

Tipps für Katzenbesitzer rund um den Tierarztbesuch

Wir hören immer wieder von den Katzenbesitzern, dass sie ihrem Kätzchen den Tierarztbesuch gerne ersparen möchten, weil diese ja darunter so sehr leidet. Angst und Stress sind hier die meistgenutzten Worte. Mit dem Konzept der katzenfreundlichen Praxis können wir sehr viel tun, um Angst und Stress zu reduzieren. Noch schöner wäre es, wenn das Programm „katzenfreundlicher Tierarztbesuch“ oder „So lernt die Katze ihren Tierarzt lieben“ heißen würde und den Besitzer miteinbeziehen würde.

EXKURS

Manchmal klappt es: Seit wir die Feliway-Decken in unserer Praxis eingeführt haben, erleben wir immer häufiger, dass Besitzer mit einem abgedeckten Korb in die Praxis kommen und auf Nachfrage bestätigen, dass sie jetzt eine Pheromon-besprühte Decke für den Transport der Katze zum Tierarzt benutzen.

Vielleicht sollte unser Ziel nicht nur eine „katzenfreundliche Tierarztpraxis“, sondern auch eine „tierarztfreundliche Katze“ sein. Der Weg zur tierarztfreundlichen Katze beginnt schon in den ersten Lebenswochen. Es ist sehr schön, dass die Kätzchen häufig vorgestellt werden müssen: erster Besuch, Entwurmung, Gewichtskontrolle, Zahnkontrolle, Impfungen, Kastration. Wenn sie gut sozialisiert sind, kommen sie neugierig bei uns an und lassen sich durch Futter bestechen. Und falls wir jetzt keinen Fehler machen, bauen wir eine lebenslange angstfreie Beziehung auf.

EXKURS

In anderen Ländern gibt es bereits Katzenspielgruppen in Tierarztpraxen, um die Sozialisierung zu verbessern und damit einige Stressfaktoren aus dem Leben der Katze zu eliminieren. Nebenbei lernen die Katzenbesitzer viel über Katzenverhalten und den richtigen Umgang mit ihrem Kätzchen. Dabei kommt es natürlich zu einem angstärmeren Verhältnis zur Tierarztpraxis, sowohl bei den Katzen als auch bei ihren Besitzern (svg.to/katzenspielgruppe oder svg.to/katzenkindergarten).

Wenn wir die Katzenbesitzer in unsere Bemühungen miteinbeziehen, der Katze den Tierarztbesuch zu erleichtern, werden wir viel größeren Erfolg haben. Das beginnt damit, den Besitzern ein Katzenkorbtraining ans Herz zu legen.

10.1 Der Katzentransportkorb

Für die Katze, die nicht an den Tierarztbesuch gewöhnt ist, beginnt das Martyrium bereits zuhause. Sie merkt schon, dass etwas „faul“ ist, bevor ihr Besitzer den Katzenkorb geholt hat, denn er verhält sich anders, irgendwie verkrampft. Dann taucht die Transportbox auf. Sie riecht fremd, staubig, unheimlich. Und da soll sie hinein? Nein, dann flüchtet sie lieber. Am besten unter das Bett, dort ist sie sicher. Nun nimmt das

Unglück seinen Lauf, an dessen Ende eine frustrierte Katze in einem Transportkorb und ein genervter Besitzer mit schlimmstenfalls Kratz- und Bisswunden an den Armen oder Händen stehen. Diesen beiden einen Tierarztbesuch schmackhaft zu machen, ist nicht einfach – auch nicht in einer katzenfreundlichen Tierarztpraxis, die nach dem ISFM Cat Friendly Clinic Gold Standard arbeitet. Deshalb ist es unerlässlich, Katzenbesitzern immer wieder ein Katzenkorbtraining zu empfehlen. Katzen lieben Verstecke. Deshalb ist es sehr leicht, ihnen beizubringen, dass die Transportbox nichts Schlimmes ist. Das Wichtigste ist, dass sie nicht fremd sein darf. Sie muss im Leben der Katze präsent sein. Auch wenn ich mir ein schickeres Möbelstück als einen Transportkorb aus Plastik vorstellen kann, so ist eine darin friedlich schlafende Katze die größte Belohnung für den Kompromiss in der Wohnungseinrichtung.

Katzenkorbtraining Step by Step

- Der Katzenkorb steht im Wohnbereich der Katze, vielleicht in einer Ecke.
- Er ist mit einer weichen Kuscheldecke ausgestattet.
- Alle zwei Tage wird ein Sprühstoß Feliway® Classic Spray auf die Decke gebracht.
- Zuerst beobachtet man, ob die Katze den Korb inspiziert und vielleicht spontan zu einem ihrer Lieblingsplätze erwählt.
- Wenn nicht, kann man dort gelegentlich kleine Leckerbissen verstecken und am folgenden Tag kontrollieren, ob sie gefressen worden sind.
- Wenn nicht, kann man mehrere Tage hintereinander eine der Hauptmahlzeiten in dieser Box anbieten.
- Falls die Katze alle diese Angebote verschmäht, sollte man sich überlegen, einen anderen Transportkorb zu kaufen.
- Alternativ kann man das Boxentraining auch mit einem ähnlich großen Karton beginnen. Kartons werden von Katzen häufig geliebt als Spiel- und Rückzugsorte.

- In einem Mehrkatzenhaushalt kann das Boxentraining erschwert sein, weil eine rangniedere Katze nicht in einen Transportkorb steigt aus Angst, von der anderen Katze später den Ausweg versperrt zu bekommen. In diesem Fall beginnt man mit einem Karton mit zwei Öffnungen und setzt das Boxentraining in einem Zimmer fort, in dem die Katze alleine und unbedroht ist.
- Wenn die Katze erst daran gewöhnt ist, dass die Box etwas Gutes ist (Pheromone und Futter), kann man beginnen, zeitweise die Tür zu schließen. Dabei bekommt die eingesperrte Katze natürlich Naschereien zur Ablenkung und Belohnung.
- Der nächste Schritt ist, den Korb vom Boden abzuheben und wieder aufzusetzen. Die Belohnung sollte sofort folgen.
- In kleinen, vielfach zu wiederholenden Schritten gewöhnt man die Katze daran, dass der Korb nicht nur vertikal, sondern auch horizontal bewegt wird, dass dabei vielleicht Türen geöffnet und geschlossen werden und Autofahrgeräusche zu hören sind.
- Man sollte sich beim Katzentransport grundsätzlich bemühen, nicht mit dem Korb gegen Türrahmen und andere Hindernisse zu stoßen!

Eine bebilderte Schritt-für-Schritt-Anleitung zum Katzenkorbtraining finden Sie zum Ausdrucken auf tfa-wissen.de unter: svg.to/katzenkorbtraining

Oft wird die Frage gestellt, wie denn der ideale Transportkorb aussehe. Ich glaube, den idealen Transportkorb gibt es nicht. Der ideale Transportkorb wäre ultraleicht und gut zu reinigen. Er böte der Katze ein tolles Versteck und hätte einen Deckel, der mit ein paar einfachen Handgriffen und ohne das übliche laute Klack-Geräusch abzunehmen wäre. Und er sähe so schick aus, dass er sich dekorativ in jede Wohnungseinrichtung einfügen ließe. Lange Zeit waren die Korbhöhlen bei Besitzern sehr beliebt, jedoch nicht bei den TFAs und Tierärzten.

Heute haben die meisten Katzenbesitzer verstanden, dass auch für ihre Katze die Situation, in einer eigentlich schützenden Höhle zu sitzen und plötzlich von fremden Händen bedroht, ergriffen und aus dem Korb gezerrt zu werden, alles andere als beruhigend ist. Abgesehen davon, dass die menschlichen Hände natürlich leicht verletzt werden können.

Ein dritter Grund, der gegen den Weidenkorb spricht, ist der Mangel an Reinigungs- und Desinfektionsmöglichkeiten bei Naturmaterialien. Da wir davon ausgehen müssen, dass manche Katze, die zum Tierarzt transportiert wird, unter einer Infektionskrankheit leidet, spielt die gründliche Reinigung und gegebenenfalls Desinfektion der Transportbox nach Benutzung eine große Rolle. Es sind einige moderne Transportkörbe im Handel, die viele der Wunschkriterien erfüllen. Wichtig ist, dass sich der Deckel öffnen oder abheben lässt. Am allerwichtigsten ist allerdings, dass die Katze den Korb kennt und daran gewöhnt ist.

PRAXISTIPP

Viele Besitzer klagen darüber, dass ihre Katze das Autofahren nicht mag und während der gesamten Fahrt schreit. Erklären Sie, dass auch das Autofahren geübt werden muss. Das Schreien während der Fahrt ist ein Ausdruck der Frustration der Katze, die entsteht, weil sie nicht „Herrin der Lage“ ist. Sie ist im Korb eingesperrt und wird aus ihrem Territorium wegbewegt. Je häufiger (auch längere) Autofahrten unternommen werden, die letztendlich immer wieder in das Territorium der Katze zurückführen, desto besser kann sie damit umgehen. Viele Katzenbesitzer, die ihre Katzen mit in den Urlaub nehmen, können das bestätigen.

10.2 Rückkehr in einen Mehrkatzenhaushalt

Eine Katze, die einige Zeit in einer Tierarztpraxis verbracht hat, bringt eine Menge fremder Gerüche mit nach Hause. Besonders schlimm ist es, wenn der Patient operiert oder einige Tage stationär versorgt werden musste. Häufig wird beobachtet, dass diese Katze von den anderen Katzen im Haushalt abgelehnt oder sogar angegriffen wird. Um dem vorzubeugen, sollten wir die Katzenbesitzer beraten. Um die Rückkehr einer Katze von einem Aufenthalt in einer Praxis/Klinik vorzubereiten, können sie Feliway® Classic Verdampfer oder Feliway® Friends Verdampfer einsetzen. Wenn sie mit unserem Patienten zuhause angekommen sind, sollten sie versuchen, die Gerüche und Pheromone der Katzen miteinander zu vermischen. Dazu streichelt man die dazugekommene und die daheimgebliebenen Katzen abwechselnd, im Idealfall mit einem Baumwollhandschuh, im Gesicht und an den Flanken. Dabei ist wichtig, dass der Geruch und die Pheromone zwischen den Katzen ausgetauscht werden. Wieder sollte die Transportbox im Raum stehen bleiben, damit sie von den anderen Katzen untersucht werden kann. Auch dies trägt zur Geruchsvermischung bei bzw. bewirkt, dass die daheimgebliebenen Katzen den Geruch der Tierarztpraxis kennenlernen können und ihn als weniger bedrohlich empfinden.

Kommt es nach dem Besuch einer Katze beim Tierarzt immer wieder zu Konflikten mit der Partnerkatze, können wir dem Besitzer auch empfehlen, beide Katzen mitzubringen. Damit entschärfen wir die Situation, weil beide „im selben Boot" sitzen, und profitieren vielleicht von dem häufigeren Tierarzttraining.

BEACHTE

Wir sollten den Besitzer mehrerer Katzen im Vorfeld darüber informieren, dass es zu Stress in seinem Katzenhaushalt kommen kann und wie er diesem Problem entgegenwirken kann. Er soll aber darauf vorbereitet sein, dass es manchmal mehrere Wochen dauert, bis das Gleichgewicht in seiner Katzenpopulation wiederhergestellt ist.

10.3 Futterumstellung

Für die meisten Katzenbesitzer stellt die vom Tierarzt angeratene Futterumstellung eine große Herausforderung dar. Katzen sind bekannt als eher wählerische Futterkonsumenten. Um die Katze erfolgreich auf ein Diätfuttermittel umzustellen, benötigt der Katzenbesitzer Rat und Unterstützung. Wir sollten ihn darauf vorbereiten, dass die Umstellung 3 bis 7 Tage dauert, bei manchen Katzen noch deutlich länger. Ein neues Futter sollte nicht eingeführt werden, wenn die Katze akut krank ist oder unter großen Schmerzen oder Stress leidet. Auch während einer stationären Unterbringung ist eine Futterumstellung nicht ratsam.

Während der Gewöhnungszeit werden kleine Mengen des neuen Futters in das gewohnte gemischt. Die Menge wird graduell gesteigert. Der Patient selber bestimmt den Fortschritt. Je zögerlicher das Fressverhalten ist, desto kleiner sind die Fortschritte. Wird die Katze in Mahlzeiten gefüttert, sind die Chancen auf eine schnelle, erfolgreiche Umstellung größer als bei Ad-libitum-Fütterung. Gerade Feuchtfutter sollte nicht zu lange im Napf stehen, weil verdorbenes Futter von der Katze stärker unangenehm wahrgenommen wird (▸ Kap. 4).

Eine andere Methode der Umstellung ist die **Zwei-Napf-Methode**. Dabei wird eine geringe Menge des neuen Futters in einem zweiten Napf neben dem gewohnten angeboten – selbstverständlich immer wieder frisch. Hier vertraut man auf die Neugierde der Katze und hofft, dass mit der Zeit auch das neue Futter nicht mehr als fremd empfunden wird. Dann kann die Menge in den Näpfen verändert werden, bis das alte Futter vom Speisenplan verschwunden ist.

In manchen Fällen ist die Umstellung von Trockenfutter auf Feuchtfutter notwendig, z. B. um die Wasseraufnahme zu erhöhen. Dazu wird Feuchtfutter auf den Boden des Napfes gefüllt und Trockenfutter in geringer Menge obenauf gelegt und eingedrückt. Die Katze ist gezwungen, die Kroketten aus dem Feuchtfutter zu heben und nimmt den Geschmack mit. In den meisten Fällen gewöhnen sich die Katzen auf diese Weise an das neue Futter. Das Angebot ist groß, sodass wir den Kätzchen z. B. Pastete oder „Stückchen in Soße" anbieten können und auch bei den Geschmacksrichtungen sogar für Nierenpatienten eine gute Auswahl haben.

Abb. 10-1 Hier beschäftigen sich drei Katzen begeistert mit einem Feeding-Puzzle.

PRAXISTIPP

Die Erwärmung des Futters erhöht die Palatabilität. Katzen werden durch das Aroma des erwärmten Futters, das sie mit der Nase aufnehmen, von der Schmackhaftigkeit überzeugt.
Kleine Mahlzeiten, jeweils frisch zubereitet, erhöhen die Chance auf Erfolg bei der Umstellung.
Bei der Umstellung von Trockenfutter auf Feuchtfutter ist ein gewisses Maß an Konsequenz vonnöten. Dazu muss der Besitzer immer wieder ermutigt werden.
Für manche Katzen ist ein Futterspielzeug (▸ Abb. 10-1) so spannend, dass sie gar nicht merken, dass ein fremdes Futter gefüttert wird. Auch das kann ausprobiert werden.

10.4 Verbesserung der Wasseraufnahme

„Katzen sind keine Trinktiere. Katzen kommen aus der Wüste.“ Dies ist vielleicht der meistgesagte Satz in meiner Praxis. Es ist wichtig, dem Katzenbesitzer zu erklären, dass der Wasserbedarf der Katze mit Trockenfutterfütterung nicht ausschließlich aus dem herkömmlichen Wassernapf gedeckt werden kann. Dabei werde ich gerne bildlich, um verstanden zu werden. Nehmen wir als Beispiel 30 Gramm Trockenfutter, die etwa 100 Gramm Feuchtfutter mit einem Feuchtigkeitsgehalt von 70 % entsprechen. Bei zwei Mahlzeiten am Tag müsste die Katze rechnerisch 140 ml Wasser trinken. Um dem Katzenbesitzer die Menge zu demonstrieren, nehme ich entweder eine 20-ml-Spritze oder einen Kaffeebecher. Selbst wenn mir vorher versichert wurde, dass seine Katze sehr viel trinkt, kann ich an dieser Stelle mit nachdenklichen Blicken rechnen. Wenn ich dann noch erkläre, dass eine Katze mit einem Zungenschlag lediglich einen Tropfen Wasser aufnimmt, ist meine Botschaft angekommen und wir haben Raum für neue Ideen.

Abb. 10-2 Vince liebt das Spiel mit dem Wasser, egal ob am Wasserhahn ...

Abb. 10-3 ... oder am Wasserspielbrunnen.

Die Wasseraufnahme zu fördern, sollte nicht nur bei Trockenfutterfütterung, sondern auch bei verschiedenen Krankheiten wie CNE (chronische Nierenerkrankung) oder FLUTD (Erkrankungen der harnableitenden Wege) ein vorrangiges Ziel sein.

Folgende Anregungen können wir dem Katzenbesitzer geben:

- Wasserschalen können aus verschiedenen Materialien bestehen. Glasschalen werden bevorzugt, weil die kurzsichtige Katze den Wasserspiegel besser sehen kann.
- Die Wasserschale sollte sehr standfest, flach und breit sein. Die Schnurrhaare sollten nicht irritiert werden.

- Das Wasser sollte bis zum Rand aufgefüllt werden, damit die Katze den Wasserspiegel besser sieht (▶ Abb. 4-3).
- Es sollten diverse Wasserschalen an verschiedenen Stellen im Haushalt aufgestellt werden.
- Die Trinkstellen sollen nicht an „Verkehrsknotenpunkten" wie Flur, Katzenklappe oder in Türnähe positioniert sein.
- Auch vor Glastüren oder Fenstern besteht die Gefahr, dass die Katze nicht trinkt, weil sie sich von Nachbarkatzen gestört/bedroht fühlt.
- Es gibt verschiedene Arten, Wasser anzubieten. Zusätzlich zu normalen Wasserschalen können Trinkbrunnen, Outdoor-Wasserquellen wie Vogeltränken und Teiche oder auch tropfende Wasserhähne angeboten werden, die bei manchen Katzen Begeisterung und exzessive Wasseraufnahme hervorrufen (▶ Abb. 10-2, ▶ Abb. 10-3).
- Wasser mit Geschmack ist ein weiterer Trick: Fischbrühe, Geflügelbrühe oder Gemüsebrühe – alles selbstgekocht.
- Manche Katze ist begeistert von Eiswürfeln zum Spielen – auch hierzu kann Brühe verwendet werden.
- Zuletzt gibt es bei Katzen, die Feuchtfutter fressen, die Möglichkeit, Wasser unter das Futter zu mischen. Warmes Wasser erhöht die Schmackhaftigkeit.

10.5 Fellpflege

Gerade Langhaarkatzen benötigen eine regelmäßige Fellpflege. Leider wird diese Tatsache von vielen Katzenbesitzern erst erfasst, wenn ihre Katze erwachsen ist und das Fell in einer festen Matte unter dem Bauch oder auf dem Rücken klebt. In diesem Fall sind wir gefragt. Die Katze muss schlafengelegt und in vielen Fällen komplett geschoren werden. Damit sich dieses nicht zweimal jährlich wiederholt, müssen Katze und Katzenbesitzer die Fellpflege trainieren.

Zuerst muss die Katze die Aversion gegen die Bürste, den Kamm und den Fellpflegehandschuh überwinden. Dies geschieht durch wiederholtes

Zeigen und Anbieten in Verbindung mit Belohnung. Die Belohnung kann aus Leckerlis oder aus Streicheleinheiten bestehen, je nach Vorliebe der Katze. Ist das Kätzchen erst an die Werkzeuge gewöhnt, können diese auch vorsichtig in kurzen Strichen über das Fell, bevorzugt im vorderen Körperbereich, angewendet werden. Auch hierbei sollte sofortige Belohnung erfolgen. Sobald die Katze Zeichen von Ablehnung oder Stress zeigt, wird das Training unterbrochen. Je kleiner die (Fort-)Schritte des Trainings sind, desto größer sind die Erfolgschancen. Geduld ist auch hier – wie so häufig bei der Arbeit mit Katzen – das offene Geheimnis.

BEACHTE

Es kann nicht in unserem Interesse sein, dass Katzen zweimal jährlich zur Fellpflege unter Sedierung zu uns gebracht werden. Deshalb müssen wir die Besitzer zum Katzentraining animieren und sie dabei unterstützen, ihren Katzen die Fellpflege beizubringen. Dazu gehört auch die Hilfe bei der Wahl der richtigen Werkzeuge. Die Schlüsselworte hier sind: Geduld, kleine Schritte, Belohnung, Wiederholung, Belohnung.

10.6 Übergewicht

Übergewicht ist ein ernsthaftes Gesundheitsproblem in den Katzenpopulationen der zivilisierten Welt. Vielleicht die Hälfte aller Katzen, die in einem Haushalt leben und gefüttert sowie gepflegt werden, sind mehr oder weniger übergewichtig (▶ Abb. 10-4). Dieses Wohlstandsproblem zieht viele Risiken nach sich. Adipöse Katzen haben ein signifikant höheres Risiko, an Diabetes mellitus oder an FLUTD (Erkrankungen der harnableitenden Wege) zu erkranken. Außerdem leiden übergewichtige Katzen stärker an Schmerzen aufgrund von Osteoarthrose, einer Gelenkerkrankung, die bei Katzen weit verbreitet ist, meistens unerkannt bleibt und mit einer Häufigkeit von mehr als 90 % bei Katzen im Seniorenalter vorkommt.

Die Katzenbesitzer sind sich meist nicht darüber im Klaren, dass ihre Katze übergewichtig ist. Katzen mit einem BCS (Body Condition Score) von 5/9 werden von den meisten Katzenliebhabern als zu dünn eingeschätzt (▶ Abb. 10-5). Solange dies als allgemeine Meinung vorherrscht, müssen wir kämpfen, um das Bild zu wandeln. Hilfreich sind Tabellen und Darstellungen, die beispielsweise im Internet zu finden sind (svg.to/bsc_katze).

Auch hier helfen manchmal Vergleiche und Querverweise auf menschliche Gewichtsdimensionen: „Ihre Katze wiegt fünf statt vier Kilogramm. Dass entspräche bei mir in etwa einem Übergewicht von 17 Kilogramm.

UNTERGEWICHT

1
- Rippen, Rückenwirbel und Beckenknochen deutlich sichtbar (bei Kurzhaarkatzen)
- Sehr schmale Taille
- Deutlicher Verlust von Muskelmasse
- Auf dem Brustkorb ist keine Fettschicht zu fühlen
- Bauchlinie sehr stark eingezogen

2
- Rippen deutlich sichtbar (bei Kurzhaarkatzen)
- Sehr schmale Taille
- Reduzierte Muskelmasse
- Auf dem Brustkorb ist keine Fettschicht zu fühlen
- Bauchlinie stark eingezogen

Können Sie sich das vorstellen?“ Allerdings müssen wir mit solchen Vergleichen sehr vorsichtig sein, wenn die Katzenbesitzer ebenso wie ihre Katze ein ernstzunehmendes Gewichtsproblem haben.

Haben wir die Besitzer sensibilisiert für die Gewichtsproblematik ihrer Katze, ist es unsere Aufgabe, Reduktionsmaßnahmen zu unterstützen. Hier bietet sich eine Futterumstellung auf besser sättigende Futtermittel an. Auch die Anregung der Katze zu mehr Bewegung ist ein Ziel des Gesamtkonzeptes. Die übergewichtige Katze sollte sich, wenn möglich, jedes Futter erarbeiten, ob mit Feeding Puzzles oder durch Suchen (svg.to/feedingpuzzles).

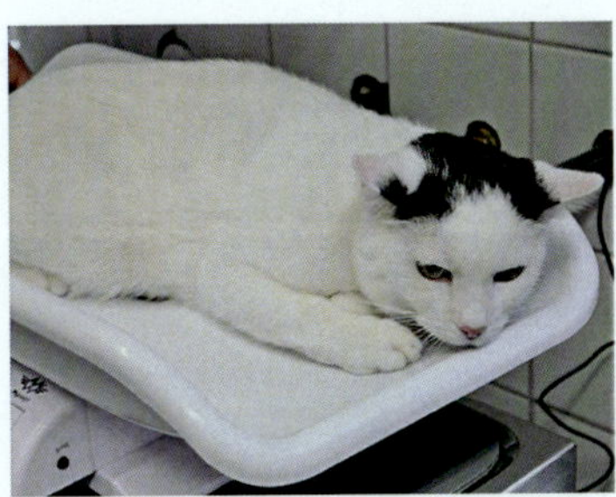

Abb. 10-4 Fettleibigkeit ist eine übliche Kondition bei Katzen.

ÜBERGEWICHT

Abb. 10-5 Skala zur Beurteilung der Körperkondition

 Nach Lafamme D.: Development and validation of a body condition score system for cats: a clinical tool. Feline Practice Vol. 25 Nr. 5-6, 1997

BEACHTE

Die Tagesfuttermenge abzuwiegen, kann ein erster Schritt zur Gewichtsreduktion sein. Die Dosierung mit dem Messbecher ist gerade bei wohlmeinenden Besitzern sehr ungenau und kann tagtäglich unbemerkt viele Kalorien mehr in die Katze bringen. Belohnungen und Futtermengen, die im Spiel gegeben werden, müssen aus der abgewogenen Tagesration genommen werden.

Wir sollten nicht versäumen, Katze und Besitzer während der Diät zu begleiten und jederzeit mit Unterstützung und Lob zur Seite zu stehen.

10.7 Diabetes mellitus

Diabetes mellitus ist wie andere chronische Krankheiten eine Geißel, unter der Katze wie Katzenbesitzer gleichermaßen zu leiden haben. Am Anfang steht die Furcht, die Katze könne krank sein, denn sie trinkt so viel. Dann kommt der Besuch beim Tierarzt und die Diagnose: eine chronische und wahrscheinlich unheilbare Krankheit. Der Besitzer muss nicht nur das akzeptieren, sondern auch die Tatsache, dass er seine Katze in Zukunft regelmäßig zum Tierarzt bringen muss und außerdem vielleicht sogar Injektionen und Untersuchungen an seinem geliebten Tiger vornehmen muss. Hierbei benötigt er unsere Unterstützung, die ohne ein hohes Maß an Einfühlungsvermögen nicht möglich ist.

Zum Erlernen sowohl der Insulininjektion als auch der Blutzuckermessung ist eine gründliche Schulung erforderlich, für die niemand besser geeignet ist als eine TFA mit Cattitude. Zuerst kann eine Plüschkatze als „Dummy“ dienen, aber auch Schulungsinjektionen mit Kochsalzlösung an der eigenen Katze sind notwendig, damit der Besitzer Sicherheit erlangt. Dabei ist nicht nur wichtig, zu schulen, wie das Insulin in die Katze kommt, sondern auch das Aufziehen der exakten Menge aus der Ampulle oder die Handhabung des Pens. Alles sollte in der Praxis geübt werden, bevor der Besitzer zuhause mit der Katze sitzt und unsicher ist.

Selbstverständlich versichern wir dem Katzenbesitzer, bevor wir ihn entlassen, er könne uns jederzeit anrufen, wenn er Fragen hat. Ein Folgetermin sollte ebenfalls vereinbart werden, entweder lediglich zur Therapiebesprechung nach zwei bis drei Tagen oder, bei Besitzern, die routiniert an die Injektionen herangehen, zum Blutzuckertagesprofil nach 14 Tagen (▶ Kap. 8.4).

Ein Beispiel für einen Diabetesfragebogen, den Sie als Vorlage nutzen und an die Bedürfnisse in Ihrer Praxis anpassen können, finden Sie auf tfa-wissen.de unter: svg.to/diabetesfragebogen

10.8 Schmerz, palliative Pflege und Lebensqualität

Patienten mit chronischen Schmerzen sowie jene mit unheilbaren Krankheiten im Endstadium (Tumorerkrankungen) stellen eine besondere Herausforderung an das Praxisteam und an die Besitzer dar. Gemeinsam müssen alle Beteiligten dafür sorgen, dass die Lebensqualität für den Patienten „messbar“ bleibt.

Lebensqualität kann in fünf Stadien eingeteilt werden:

- gut
- lebenswert
- erträglich
- weniger als lebenswert
- unerträglich

Die Beurteilung der Lebensqualität einer Katze ist eine schwere Aufgabe und meistens Fachleuten zu überlassen. Das Verhalten der Katze spielt dabei eine große Rolle. Wie bei der Beurteilung chronischer Schmerzen muss auch bei der Einschätzung der Lebensqualität eine Beobachtung des Verhaltens und Veränderungen darin eine wichtige Rolle spielen. Fragebögen und Merkblätter zum Katzenverhalten bei Schmerz sind hierbei sehr hilfreich. Die Initiative Tiermedizinische Schmerztherapie (ITIS) stellt auf der Seite www.schmerz-bei-tieren.de das Merkblatt „Hat meine Katze Schmerzen“ zur Weitergabe an den Besitzer bereit: (svg.to/schmerzerkennung).

Mehr dazu, wie das Leben einer Katze mit chronischem Schmerz erleichtert werden kann, lesen Sie in ▶ Kap. 10.9.2.

Bei palliativen Patienten ist es wichtig, dem Besitzer als ebenso kompetenter wie mitfühlender Partner zur Seite zu stehen. Das Praxisteam begleitet den traurigen Katzenbesitzer durch die letzte Zeit mit seinem Liebling und bemüht sich, Leiden zu lindern. Dazu gehören Gespräche und begleitende Therapie mit Schmerzmitteln, Spezialfutter, Infusionen u. v. m. genauso wie regelmäßige Kontrollen und Gewichtsmonitoring.

Für alle ist es schwer, den Zeitpunkt des Abschieds zu bestimmen, doch entsprechend begleitet wird der Katzenbesitzer erkennen, wann es soweit ist, und der Euthanasie zustimmen.

Auch dann sind alle Regeln der katzenfreundlichen Praxis anzuwenden, um den schrecklichen Moment so erträglich wie möglich zu machen. Wir sind sanft, leise, geduldig und einfühlsam.

Doch bevor dieser Moment gekommen ist, haben wir unzählige Möglichkeiten, unsere Patienten durch das Leben auch außerhalb unserer Praxisräume zu begleiten und ihnen vielleicht das Leben schöner zu machen, z. B. mit Environmental Enrichment, der Verbesserung der Lebensumgebung.

10.9 Environmental Enrichment

Zum Konzept der katzenfreundlichen Praxis gehört auch, dem Katzenbesitzer mit unserem Sachverstand zur Seite zu stehen, wenn es um die optimale Gestaltung der Umgebung und des Katzenlebens geht. „Environmental Enrichment“ ist das Schlagwort und bedeutet übersetzt „Umgebungsbereicherung“. Damit wird das Bemühen ausgedrückt, ideale Lebensbedingungen für das betroffene Individuum in Bezug sowohl auf die materielle Umgebung als auch auf die Soft Skills, z. B. Beschäftigung mit der Katze, zu schaffen. Darüber, wie das Leben in einer kleinen Wohnung ohne Ausgang nach draußen mit einem berufstätigen Besitzer und zwei Mahlzeiten am Tag aus den Augen einer jungen Katze aussieht, haben sich die wenigsten Katzenbesitzer Gedanken gemacht.

Es genügt also nicht, wenn wir ihnen eine Beratung über Parasitenprophylaxe und Impfungen angedeihen lassen. Wir müssen sie auch allgemein über die Bedürfnisse ihrer Katze informieren. Diese Informationen sind sehr von einigen Grundbedingungen abhängig, weshalb wir vorab diese Fragen klären müssen:

- In welcher Altersgruppe ist die Katze? Jung, erwachsen, mittelalt, Senior?
- Lebt sie alleine oder mit anderen Katzen? Wie sieht die Katzengruppe aus?
- Hat sie Freigang und wieviel?
- Wie viele Menschen leben im Haushalt, welche Menschen, auch Kinder? Wieviel Zeit verbringen diese Menschen zuhause und mit der Katze?
- Hat die Katze Einschränkungen, z. B. durch chronische Krankheiten?
- Wie ist das Temperament der Katze, wie ist sie sozialisiert?
- Hat die Katze ein Gewichtsproblem?
- Spielt die Katze? Spielen die Besitzer mit der Katze? Wie oft?
- Putzt sich die Katze in Gegenwart der Besitzer?
- Wie wird die Katze gefüttert? Wie oft? Womit?
- Wie steht es um die anderen Ressourcen? Wo stehen Wassernäpfe? Wie viele? Kratzbäume o. ä.?
- Wo stehen Katzenklos? Wie oft werden diese gereinigt?

Einige dieser Fragen können aus unserer Karteikarte heraus beantwortet werden, andere wird der Besitzer auf Nachfrage gerne und ausführlich beantworten. Sinnvoll ist allerdings, diesen oder einen ähnlichen, vielleicht sogar weit ausführlichen Fragebogen vom Besitzer schriftlich beantworten zu lassen. Besprechen wir im Anschluss daran die Antworten, ist sofort die Tür geöffnet, einige Punkte anzusprechen, die uns schon auf den ersten Blick als verbesserungswürdig erscheinen.

Ein Beispiel für einen Fragebogen zur Lebensqualität der Katze, den Sie als Vorlage nutzen und an die Bedürfnisse in Ihrer Praxis anpassen können, finden Sie auf tfa-wissen.de unter: svg.to/qol-fragebogen

Es ist nicht unser Ziel, beim ersten Besuch dem stolzen Besitzer einer Katze zu erklären, was er alles falsch macht. Im Gegenteil – um Verbesserungen der Lebensbedingungen der Katze zu erreichen, müssen wir sehr behutsam vorgehen. In der Rhetorik gibt es dafür Modelle, die sehr erfolgversprechend sind. Das Wichtigste im ersten Schritt ist Zuhören. Fragen und das aktive Zuhören bereiten den Boden für das Nachdenken und die Veränderung. Aktives Zuhören bedeutet ein Zugewandtsein, den Erzählenden anzuschauen und ihn dann und wann zu bestätigen, z. B. mit einem Kopfnicken. Im nächsten Schritt können wir auf das Thema, mit dem wir uns genauer befassen wollen, mit weiteren Fragen eingehen. Diese Fragen sollten offene Fragen sein, keinesfalls mit ja oder nein zu beantworten. Die Fragen können den Besitzer indirekt auffordern, selbst eine Lösung für ein Problem zu finden, das ihm vorher noch nicht bewusst war. An dieser Stelle helfen wir ihm mit unseren Tipps, fragen aber sofort im nächsten Moment, ob er sich vorstellen kann, mitzumachen. Dadurch, dass wir ihn in den Entscheidungsprozess miteinbeziehen, fühlt er sich ernstgenommen und eher bereit, unseren Empfehlungen zu folgen.

Hier ein Beispiel: Bei der Beantwortung der Fragen aus dem Fragenkatalog oben, in diesem Falle im Gespräch erfolgt, gibt der Besitzer an, seine Katze spiele dann und wann, aber nicht mit ihm. Wir fragen ihn, welche Spielzeuge er ausprobiert habe, womit die Katze aktuell spiele und wann. Anschließend kommt die Frage, wie er sich vorstellen könnte, die Katze zum Spielen zu animieren, vielleicht mit Futterspielzeugen oder Angeln oder Papierbällen? Dann können wir ihm Vorschläge machen, die er noch nicht kannte, wie z. B. die Butterbrottüte mit drei Trockenfutterpellets darin oder den Karton mit der Raschelfolie etc. Wir könnten ihm einen selbstgemachten Flyer überreichen, eine Buch- oder eine Web-Empfehlung aussprechen. In diesem Zusammenhang sollten wir ihm erklären, warum Spielen gerade für seine Wohnungskatze so wichtig ist, mit einem Hinweis auf das Leben der Vorfahren seiner Katze, die vielleicht 15-mal am Tag mit einer möglichen Beute „spielen“ durften. Damit haben wir sein Verständnis für das Bedürfnis seiner Katze geweckt und die Bereitschaft, dieses Bedürfnis in Zukunft besser zu befriedigen. Zum Schluss des Gespräches fragen wir, ob er denkt, dass er seine Katze demnächst zum Spielen animieren möchte, ob er schon Ideen dazu habe und ob er noch Fragen an uns habe. Wir versichern ihm, dass er sich jederzeit mit Fragen an uns wenden könne und uns auf jeden Fall beim nächsten Besuch von den Fortschritten berichten möge.

Ein Vorteil des schriftlichen Fragebogens ist, dass man ihn in der Karteikarte ablegen kann mit dem Vermerk, welches Thema abgehakt ist, und darauf bei einem anderen Besuch zurückkommen kann. Ich bin mir darüber im Klaren, dass nicht jeder Katzenbesitzer empfänglich ist und dass nicht bei jedem Besuch Zeit für solche Gespräche ist. Aber nach der ersten Anamnese (Fragebogenbeantwortung) können einzelne Themen in weniger als fünf Minuten abgehandelt werden. Wichtig dabei ist eine gewisse Selbstdisziplin, die ich bei mir leider immer wieder vermisse. Wenn wir in einem solchen Gespräch vom Hölzchen aufs Stöckchen kommen, ist der Zeitrahmen schnell gesprengt. Wir nehmen uns also vor, uns auf ein Thema zu konzentrieren und kommunizieren das auch. Stellt der Besitzer Fragen zu einem anderen Problem, verweisen wir ihn freundlich, aber bestimmt auf einen neuen Termin. Manchmal kommt ein Thema, das die Lebensgestaltung der Katze betrifft, aus Krankheitsgründen auf den Tisch, z. B. bei der Unsauberkeit oder bei den chronischen Erkrankungen der harnableitenden Wege. Auch hier haben wir größere Chancen auf Erfolg, wenn wir den betreffenden Themenkomplex – in diesem Fall vielleicht Toilettenmanagement und Stress im Mehrkatzenhaushalt – aus der Krankheits- und Therapiebesprechung herausnehmen, in einer anderen Umgebung und mit anderen Beteiligten (vorher Tierarzt, jetzt TFA) stattfinden lassen. Dann kann in aller Ruhe nach dem oben erklärten Schema eine Problemlösung besprochen werden.

Im Folgenden möchte ich noch einige Ratschläge zur Lebensgestaltung für Katzen in unterschiedlichen Lebenssituationen erörtern, allerdings ohne Anspruch auf Vollständigkeit – das würde den Rahmen des Buches sprengen. Jeder Leser, der sich in diesem Maße darauf einlässt, Katzen kennenzulernen und zu verstehen, wird selber Hunderte von Tipps parat haben, wie das Leben der Katzen zuhause lebenswert gestaltet werden kann.

10.9.1 Die Katze in jedem Alter

Für jede Katze gilt zuerst, dass die Befriedigung der Grundbedürfnisse vom Besitzer sichergestellt werden muss. In den achtziger Jahren wurden vom Farm Animal Welfare Council (einem unabhängigen Beratungsgremium der britischen Regierung) die fünf Freiheiten definiert, die eine tiergerechte Tierhaltung auszeichnen. Die „**Five Freedoms**" haben noch heute ihre Gültigkeit:

- Freiheit von Hunger und Durst
- Freiheit von haltungsbedingten Beschwerden
- Freiheit von Schmerz, Verletzungen und Krankheit
- Freiheit von Angst und Stress
- Freiheit zum Ausleben artgerechter Verhaltensmuster

Für die Katze hat die ISFM inzwischen **fünf Säulen der tiergerechten Lebensgestaltung** wie folgt formuliert:

1. ein oder mehrere sichere Plätze:
   Ein sicherer Platz ist ein Rückzugsort, den die Katze ohne Probleme erreichen kann, an dem sie vor Feinden oder Verfolgern sicher ist und an dem sie auch vom Besitzer nicht gestört wird. Bevorzugt werden geschützte Plätze, Verstecke, Höhlen an erhöhten Plätzen, z. B. auf Schränken oder Regalen.
2. mehrere voneinander entfernte Plätze mit Schlüsselressourcen wie Futter, Wasser, Toiletten, Kratzmöglichkeiten, Ruhe- und Schlafplätze, Spielmöglichkeiten
3. Möglichkeiten zum Spielen und zum Ausleben des Jagdverhaltens

4. eine positive, gleichbleibende und vorhersehbare Mensch-Katzen-Beziehung:
   Für das Wohlbefinden der Katze ist es unverzichtbar, eine stabile soziale Bindung zum Menschen zu haben. Dabei kommt es nicht darauf an, dass sie und wie sie liebkost wird, sondern darauf, dass sie weiß, wie sich der Mensch verhalten wird, wenn sie ihm begegnet. Launische Menschen sind in ihren Reaktionen nicht vorhersehbar und versetzen die Katze in Angst und Stress. Ein ruhiger, liebevoller Umgang mit dem Tier ist eine Grundvoraussetzung, egal wie eng die Bindung zwischen Mensch und Katze ist. Bestrafung ist grundsätzlich abzulehnen.
5. eine Umgebung, die die Empfindlichkeit des Geruchssinnes der Katze respektiert

Weil Katzen nicht nur Jäger sondern auch Beute sind, benötigen sie für ihr Wohlbefinden sichere Plätze in ihrer unmittelbaren Umgebung. Durch solche Plätze können wir den Stress für die Katze maßgeblich verringern. Höhlen, Kartons oder Körbe werden gerne angenommen. Als sicherer Platz kann auch der Katzentransportkorb dienen, wodurch das Katzenkorbtraining (▶ Kap. 10-1) in das tägliche Leben übernommen wird.

Die **Liegeplätze** sollten groß genug, kuschelig und bequem für eine Katze sein. Sie können als Schale oder mit einem Rand ausgeführt sein, damit die Katze sich durch Kleinmachen verstecken kann (▶ Abb. 10-6). Toll sind solche Plätze an einem Aussichtspunkt über einem Zimmer, z. B. auf dem Wohnzimmerschrank (▶ Abb. 10-7). Der Zugang muss einfach und barrierefrei für die Katze sein. Hunde sollten keine Möglichkeit haben, die sicheren Plätze der Katzen zu erreichen. Der Ort ist ideal, wenn keine Lärmquellen, wie z. B. die Waschmaschine, in der Nähe stehen. Sichere Plätze sind mit einem weichen, wärmehaltenden Material ausgelegt. Für Mehrkatzenhaushalte gilt: mehr Plätze als Katzen. Auch draußen profitieren Katzen mit Freigang von sicheren Plätzen, damit sie sich im Fall des Verfolgtwerdens in Sicherheit bringen können (▶ Abb. 10-8).

Abb. 10-6 Aimee im Brotkorb

Futter- und Wassernäpfe sollten nicht, wie es weit verbreitet ist, nebeneinanderstehen. Beide Ressourcen müssen leicht zugänglich sein und am besten frei im Raum. Die Katze sollte beim Fressen und Trinken den Raum überblicken können, um bei „Gefahr" die Flucht ergreifen zu können. Der Wassernapf oder besser die Wassernäpfe sollen nicht in der Nähe der Futterstelle stehen, damit das Wasser nicht verunreinigt wird, weil die Katze sehr empfindlich auf den Geschmack von nicht frischem Futter reagiert. Futter- und Wassernäpfe sollten aus hygienischem, nicht reflektierendem Material bestehen und relativ flach sein, um die Schnurrhaare nicht zu irritieren (▶ Abb. 4-5, ▶ Abb. 4-6; ▶ Kap. 10.4).

Katzentoiletten sollten an mehreren Stellen im Haus oder in der Wohnung aufgestellt sein. Sie sollten gut erreichbar sein und sie müssen mehr als nur einen Ausgang haben. Die Katze muss die Möglichkeit haben, die Toilette in eine andere Richtung zu verlassen, als sie sie betreten hat, falls sie aus der Richtung eine Gefahr vermutet. Dies ist

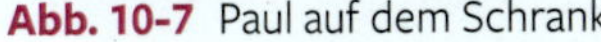

Abb. 10-7 Paul auf dem Schrank

Abb. 10-8 Paul sicher aufgehoben in seinem Karton

ein Grund, weshalb Katzentoiletten mit Deckel abzulehnen sind. Der andere Grund ist die feine Nase der Katze, die einen zweiten Toilettengang auf einer bereits benutzten Toilette zur Tortur werden lässt, erst recht, wenn keine Belüftung stattfindet. Toiletten sollen mindestens einmal, besser zweimal täglich gereinigt werden. Katzen haben unterschiedliche Vorlieben für verschiedene Streuarten. Hier kann man nur ausprobieren und die beliebteste Streu herausfinden. In keinem Fall sollte sie parfümiert sein, wiederum wegen des empfindlichen Geruchssinnes der Katzen.

BEACHTE

Ressourcen wie Futterplätze, Wassernäpfe, Toiletten und Kratzmöglichkeiten sollten nicht an „Hauptverkehrswegen“ in der Wohnung platziert werden, sondern eher in ruhigen Zonen.

Abb. 10-9 Jazzy liebt das waagerechte Kratzbrett, sobald Feliscratch® aufgetragen ist.

Kratzmöglichkeiten müssen jeder Katze geboten werden. Freigänger gehen ihrem Trieb zum Kratzmarkieren auf recht natürliche Weise nach, denn sie haben tatsächlich ein Revier zu markieren. Die Wohnungskatze und ihr Besitzer haben mit diesem essenziellen Bedürfnis häufig ein Problem. Die Katze findet erstens keine natürlichen Kratzstellen und zweitens keine Kratzmarken von anderen Katzen, die sie zum Markieren an eben dieser Stelle anregen. Wenn sie dann die Tapeten oder das Ledersofa benutzt, um ihre Kratzmarken zu platzieren, ist der Besitzer wenig erfreut. Abhilfe schaffen wir mit dem Aufstellen mehrerer Kratzmöglichkeiten. Dies können große Designerkratzbäume sein, aber auch einfache mit Sisal bespannte Säulen oder Bretter an der Wand wie auch waagerechte Kratzbretter aus Sisal oder aus Wellpappe (▶ Abb. 10-9). Interessant werden diese spätestens, wenn sie mit Feliscratch® beträufelt werden. Dabei handelt es sich um das synthetische Pheromon aus den Ballendrüsen der Katzen, das unserer Wohnungskatze suggeriert, eine andere Katze habe hier ihre Marke hinterlassen.

Zum **Schlafen** benötigt eine Katze außer dem sicheren Platz noch mehrere andere Möglichkeiten, die sie nach Tageszeit, Temperatur, Umgebungslärm etc. und nach ihrer Laune auswählt. Manchmal ist es ein sonnenbeschienener Fleck auf einem weichen Teppich, manchmal ist es der Korb auf dem Schrank, weil dort die wärmste Zone des Zimmers ist. Wenn das Haus voller Gäste ist, wird gerne der sichere Platz als bestes Versteck zum Schlafen gewählt. Als Ruheplatz können auch Plätze dienen, an denen die Katze ihre Menschen oder andere Tiere im Haushalt gut beobachten kann oder das Fensterbrett mit dem besten Blick in den Garten. Solche Schlaf- und Ruheplätze sollten nicht verändert werden. Auch wenn das Polster im Korb voller Katzenhaare ist, sollte es nicht einmal pro Woche gewaschen werden, denn am heimischsten und geborgensten fühlt sich die Katze in ihrem eigenen Geruchs- und Pheromoncocktail.

BEACHTE

Die Katze liebt die dritte Dimension. Erhöhte Plätze mit Überblick sind besonders wichtig.

Das **Spiel** ersetzt für die Wohnungskatze das physiologische Jagdverhalten und ist damit eine der wichtigsten Komponenten für die Schaffung einer idealen Katzenumgebung. Das Leben der Vorgänger unserer Hauskatze und auch der wildlebenden Katzen besteht nicht aus Schlafen, sondern zu mehr als 50 % aus Beutesuche und -fang. Dabei streifen die Katzen stundenlang durch die Felder und beobachten jede Bewegung, die durch ein Beutetier verursacht sein könnte. Haben sie eines entdeckt, wird es gejagt und mit Glück und Geschicklichkeit geschlagen. Etwa die Hälfte aller Jagderlebnisse verlaufen erfolgreich und dabei verzehrt der Jäger sieben bis acht kleine Mahlzeiten über den Tag verteilt.

Um einer Wohnungskatze ein glückliches Leben zu schaffen, muss der Besitzer versuchen, die Jagderlebnisse durch Spielmöglichkeiten zu ersetzen. Dafür sind Angelspielzeuge gut geeignet und bei den meisten Katzen sehr beliebt. Das Jagen nach dem Laserpointerlicht hat sich bei Katzenbesitzern ebenfalls sehr etabliert. Die meisten Katzen sind fasziniert von diesem Mausersatz. Allerdings besteht hierbei das Problem, dass es definitiv niemals zu einem Erfolgserlebnis im Sinne eines Beutefanges kommen kann, was bei manchen Katzen zu Frustration und Stress führen kann. Deshalb sollte dieses Spiel unbedingt mit einem reellen Angelspiel oder einem Futterspielzeug abgewechselt werden. Futterspielzeuge bieten eine gute Möglichkeit, natürliche Beutezüge zu imitieren, weil eine Futteraufnahme folgt. Futterbälle lassen Trockenfutterkroketten beim Rollen herausfallen. Bei Futterpuzzles muss die Katze mit Geschicklichkeit verschiedenste Aufgaben erledigen, um an das Futter zu kommen. Es gibt unzählige Modelle auf dem Markt und inzwischen auch ebenso viele Ideen zum Selbermachen im Netz (svg.to/feedingpuzzles).

Indem das Spiel mit einer Futterbelohnung verbunden wird, bekommt die Katze unabhängig von den festen Mahlzeiten kleinere Rationen. Das entspricht viel mehr der natürlichen Ernährungsform der Wildkatze, die sieben- bis achtmal am Tag kleine Beutemahlzeiten verzehrt. Allerdings sollten wir dem Besitzer einer gut genährten Katze empfehlen, die Tagesgesamtmenge abzuwiegen, um einem Übergewichtsproblem entgegenzuwirken.

PRAXISTIPP

Wenn es darum geht, die Katze auch zu beschäftigen, wenn sie alleine ist, können wir dem Besitzer vorschlagen, einen Teil der Trockenfutter-Tagesration in der Wohnung zu verstecken, bevor er die Wohnung verlässt. Dabei sollten einzelne Kroketten an verschiedenen Plätzen verteilt werden, die die Katze kennt und erreichen kann. Dieses Spiel wird sehr schnell verstanden und animiert die Katze, auf Beutezug zu gehen. In der Hoffnung, dass irgendwo noch Futter versteckt ist, wird sie, während sie alleine ist, mehrmals die Plätze absuchen, an denen sie schon einmal etwas gefunden hat. Indem man die Plätze variiert, hält man das Spiel spannend. Die Katze sucht übrigens auch, wenn der Besitzer mal vergessen hat, etwas zu verstecken.

Neben dem Spiel, das dem Jagderlebnis nachempfunden ist, gibt es noch gezieltes Katzentraining, das für die Katze und den Besitzer als Spiel gesehen werden sollte. Bekannt, und inzwischen auch bei Katzenfreunden weit verbreitet, ist die positive Konditionierung im Sinne des Clicker- oder Targettrainings.

Beim **Clickertraining** wird ein Geräusch, ursprünglich von einem Clicker, mit einer Belohnung verbunden. Bei schreckhaften Katzen können wir statt des Clickers einen Schnalzlaut einsetzen, der nicht so laut ist. Die Katze begreift sehr schnell die Verbindung zwischen Click und Belohnung. Die Belohnung kann ein Futterstückchen oder eine kleine Streicheleinheit sein, gerne begleitet von einem gesprochenen Lob wie „Fein, Kitty".

Beim **Targettraining** lernt die Katze zuerst, mit der Nase oder dem Gesicht ein Ziel (Target), z. B. die Spitze eines Stabes, einen kleinen Ball auf einem Bleistift oder die hingehaltene Fingerspitze, zu berühren und sich so eine Belohnung zu verdienen.

Ist die Katze dann auf Click oder Target konditioniert, kann der Besitzer ihr zuerst einfache Aufgaben beibringen, z. B. zu einem bestimmten Platz zu gehen, sich auf eine bereitgelegte Decke zu setzen, auf einen Stuhl zu springen oder Ähnliches. Die meisten Katzen sind sehr empfänglich für diese Spiele und lernen schnell. In der Folge können auch komplexere Aufgaben trainiert werden wie das Warten auf einem bestimmten Platz, während das Futter zubereitet wird.

Das Training sollten wir jedem Katzenbesitzer empfehlen, denn eine solche positive Konditionierung kann Katzenkorbtraining und Tierarzttraining erheblich erleichtern. Auch die Fellpflege kann mittels Clickertraining vereinfacht werden.

BEACHTE
Wenn wir den Katzenbesitzer davon überzeugen können, dass Training Spaß für ihn und seine Katze bedeutet und die Bindung festigt, können wir das Leben für die Katze reicher und leichter machen.

Zum Thema Katzentraining gibt es viele Anleitungen, Bücher oder Videos (ein Beispiel finden Sie unter svg.to/clickertraining). Trotzdem können wir mit unseren Anregungen manchmal mehr Erfolg haben, wenn wir „unsere" Katzenbesitzer persönlich ansprechen, vielleicht eine selbstverfasste Anleitung im Flyerformat mitgeben oder auf entsprechende Inhalte auf unserer Praxishomepage verweisen.

10.9.2 Die Katze im Alter

Die Anforderungen an eine katzengerechte Lebensumgebung werden mit zunehmendem Alter nicht etwa geringer, wie manche Besitzer meinen. Das Vorurteil, eine alte Katze wolle nur noch schlafen, habe keine Lust zum Spielen, kein Interesse an der Umwelt und auch sonst keine großen Bedürfnisse mehr, ist immer noch weit verbreitet, und es ist unsere Aufgabe, daran zu rütteln.

Wir müssen dem Besitzer einer alten Katze erklären, dass sie höchstwahrscheinlich unter Gelenkschmerzen leidet (eine Röntgenstudie bestätigt, dass über 90 % der Katzen ab acht Jahren mindestens eine Gelenkveränderung im Sinne einer Arthrose haben). Abgesehen von der notwendigen medizinischen Vorsorge und Versorgung gibt es viele kleine Veränderungen in der Umgebung, die das Leben der alten Katze leichter und angenehmer machen. Wir stellen immer wieder fest, dass alte Katzen die dritte Dimension aus ihrem Leben streichen. Dies geschieht meist, weil entweder das Hochspringen zu mühsam oder das Herunterspringen zu schmerzhaft ist. Wenn Stufen eingebaut werden, kann die Katze wieder auf ihren erhöhten Lieblingsplätzen liegen. Diese Stufen

Abb. 10-10 So kommt die alte Katze leichter auf das Sofa.

können Hocker, Regale, Bretter oder Ähnliches sein (▸ Abb. 10-10, ▸ Abb. 10-11).

Alte Katzen mit schmerzenden Gelenken sind besonders dankbar für den Platz auf der Heizung, aber auch am Fenster, um bequem das Leben draußen zu beobachten. Weil sie vielleicht Schmerzen beim Laufen haben, verzichten sie darauf, den weiten Weg zur Toilette zu laufen und werden unsauber. Oder sie meiden den weiten Weg zum

Abb. 10-11 Ein Tritt erleichtert den Aufstieg auf das Fensterbrett.

Wassernapf und trinken zu wenig. Deshalb ist es besonders wichtig, in einem Haushalt mit einer Seniorkatze viele Toiletten und Wassernäpfe zu verteilen, mindestens auf jeder Etage, beides gut erreichbar. Die Katzentoiletten sollten so groß wie möglich sein, damit die Katze beim Kotabsatz ihre Wirbelsäule weniger krümmen muss. Wenn der Schritt über den Rand mühsam wird, kann man ein Klo mit einem flachen Einstieg aus einer Plastikbox selberbauen. Oder man nimmt eine Pflanzfolie aus dem Baumarkt (▸ Abb. 10-12).

Auch die alte Katze hat noch Spaß am Spiel. Es ist vielleicht nicht mehr die wilde Jagd hinter dem Federbüschel an der Katzenangel, aber eine Katze, die Clickertraining gelernt hat, kann damit lebenslang motiviert und erfreut werden. Auch Futterpuzzle können bis ins hohe Alter

Abb. 10-12 Eine Pflanzfolie aus dem Baumarkt als barrierefreie Katzentoilette

einen Reiz darstellen. Wichtig ist die Beschäftigung mit der Katze. Die soziale Bindung zum Menschen spielt im Senioralter eine weit größere Rolle als in der Jugend. Die Katze hat sich über Jahre an ihren Menschen gewöhnt und angeschlossen. Nun sollte sie den Platz auf dem Sofa und die streichelnde Hand auf jeden Fall ermöglicht bekommen. Auch die Fellpflege muss nun der Besitzer mehr und mehr übernehmen, weil Gelenkschmerzen der Katze die Pflege des Rückens unmöglich machen.

BEACHTE

Wir sollten dem Besitzer einer alten Katze klar machen, dass sie mehr denn je auf ihn angewiesen ist und dass in ihrem alten Körper ein wacher und liebevoller Geist steckt, der gepflegt werden will. Dies ist eine Möglichkeit für beide, noch eine schöne Zeit miteinander zu verbringen.

Mehr zum Thema „Katzenbedürfnisse“ finden Sie unter diesem Link:
svg.to/katzenbeduerfnisse

11

Katzenfreundliche Praxis und Wirtschaftlichkeit – geht das?

Wenn sich jetzt der kritische Leser fragt: „Wie soll das denn alles gehen?“, kann ich die Zweifel verstehen. Die meisten und wichtigsten Maßnahmen, die zur katzenfreundlichen Praxis gehören, sind zwar ohne großen finanziellen Aufwand zu realisieren, erfordern aber umso mehr Umdenken, Organisations- und Zeitaufwand. Wie lässt sich das mit den Zielen der modernen Betriebswirtschaft, die uns immer häufiger gepredigt werden, vereinbaren? Nein, es ist kein Weg, der sich von alleine geht. Am Anfang sind Hürden zu überwinden.

Wir brauchen mehr Zeit pro Katzenpatient. Hat der Besitzer diese Zeit? Ist der Besitzer bereit, unsere Zeit zu bezahlen? Sind wir bereit, diese Zeit unentgeltlich zu „investieren“? Geht es vielleicht mit einer Mischkalkulation? Was sagen die Besitzer zu einer Einbestellung ihrer Seniorkatze alle sechs Monate zur Blutdruckmessung? Kommen sie?

Oder sind wir zu enthusiastisch? Die Antwort, die ich mir auf diese Frage gebe, ist: „Ich kann keinen Katzenbesitzer zu dem Glück seiner Katze zwingen, doch je häufiger ich es empfehle, desto mehr Katzen haben die Chance auf eine adäquate tiermedizinische Betreuung und auf ein glücklicheres Leben.“

Und indem ich die katzenfreundliche Praxis mit dem Erfolg der entspannten Katze in meinem Behandlungszimmer praktiziere, kann ich immer häufiger Katzenbesitzer davon überzeugen, dass es gut ist, Katzen regelmäßig zum Tierarzt zu bringen.

In nicht allzu langer Zeit spielt sich das System ein und wird selbstverständlich. Das Umdenken findet im gesamten Praxisteam statt. Es macht deutlich mehr Spaß, mit Katzen als gegen Katzen zu arbeiten. Und es ist viel ungefährlicher.

Autorin

Dr. med. vet. Angelika Drensler
ist in der Nähe von Düsseldorf geboren und aufgewachsen und hat anschließend an der Stiftung Tierärztliche Hochschule Hannover studiert und promoviert. Sie ist Fachtierärztin für Kleintiere und seit 2001 mit eigener Kleintierpraxis in Elmshorn (nahe Hamburg) ansässig. Ihre Praxis gehört zu den ersten Praxen Deutschlands, die von der ISFM (International Society of Feline Medicine) als „Cat friendly Clinic" zertifiziert wurden. Angelika Drensler ist Gründungsmitglied der seit 2011 bestehenden „Deutschen Gruppe Katzenmedizin" und Leiterin der Arbeitsgruppe Katzenmedizin in der DGK-DVG. Das „Advanced Certificate of Feline Behaviour" der ISFM hat sie erfolgreich absolviert und es ist ihr ein besonderes Anliegen, die Prinzipien der katzenfreundlichen Praxis in Deutschland weiter zu verbreiten. Im Jahr 2018 wurde sie für ihr Engagement mit dem Sonderpreis „Tierwohl in der Praxis" der Boehringer Ingelheim Tierwohl-Medaille in der Kategorie „Klein- und Heimtier" ausgezeichnet.

info@tierarzt-elmshorn.de
www.tierarzt-elmshorn.de

Sachverzeichnis

R

S

T

U

Abbildungsnachweise

Abb. 2-1: EcoView – stock.adobe.com

Abb. 2-2: Oliver Wolf

Abb. 2-3: Dirk Schönfeldt

Abb. 4-4: farbkombinat – stock.adobe.com

Abb. 6-12: International Society of Feline Medicine (ISFM)

Abb. 8-7: Schlievet GmbH

Abb. 10-5: Royal Canin Tiernahrung GmbH & Co. KG

Zeitfracht Medien GmbH
Ferdinand-Jühlke-Straße 7
99095 Erfurt, Deutschland
produktsicherheit@kolibri360.de